Rotes Heft 7

Löschwasserförderung

**mit Ablesetafel
für Pumpenabstände bei Reihenschaltung**

Eine Lehrschrift für den Feuerwehrmann
von Branddirektor a. D.
F. A. Schneider

13. Auflage
1991

Verlag W. Kohlhammer
Stuttgart Berlin Köln

13. Auflage 1991
ISBN 3-17-011647-9

Stuttgart Berlin Köln
Verlagsort: Stuttgart
Gesamtherstellung: W. Kohlhammer
Druckerei GmbH + Co. Stuttgart
Printed in Germany

Folgende Rote Hefte sind bisher erschienen:

1 Landesbranddirektor a. D.
Dr. Friedrich Kaufhold †
Verbrennen und Löschen
14. Auflage, DM 9,80

2 Branddirektor Dipl.-Ing.
Heinz Bartels
Leiter der niedersächs.
Landesfeuerwehrschule Celle
Ausbilden im Feuerwehrdienst
12. Auflage, DM 6,80

3a Stadtbrandinspektor a. D.
Dipl.-Ing. (FH)
Heinrich Reuter
Leinen, Seile, Hebezeuge
Teil I: Stiche, Knoten u. Bunde
12. Auflage, DM 9,80

3b Stadtbrandinspektor a. D.
Dipl.-Ing. (FH)
Heinrich Reuter
Leinen, Seile, Hebezeuge
Teil II: Ziehen und Heben
12. Auflage, DM 10,80

4a Baurat Dipl.-Ing.
Lutz Rieck
Die Tragkraftspritze
mit VW-Industrie-Motor
13. Auflage, DM 9,80

6 Baurat Dipl.-Ing.
Lutz Rieck
Feuerlöscharmaturen
9. Auflage, DM 11,80

7 Branddirektor
Franz Anton Schneider
Löschwasserförderung
mit Ablesetafel
für Pumpenabstände
bei Reihenschaltung
13. Auflage, DM 9,80

8a Brandoberamtsrat
Josef Schütz
Feuerwehrfahrzeuge Teil I
Typenbezeichnung, Kurzzeichen
und allgemeine Anforderungen
an Fahrgestell, Aufbau, lösch-
technische Einrichtungen und
maschinelle Zugeinrichtungen
10. Auflage in Vorbereitung

8b Brandoberamtsrat
Josef Schütz
überarbeitet von
Brandrat Dipl.-Ing.
Dieter Schütz
Feuerwehrfahrzeuge Teil II
Beschreibung der Hubrettungs-
fahrzeuge, Rüst-, Rettungs-
und Krankentransportwagen
10. Auflage in Vorbereitung

9 Direktor Ing.
Hermann v. d. Bussche-
Haddenhausen †
Landesbranddirektor a. D.
Dr. Friedrich Kaufhold †
Brandstellenpraxis
6. Auflage, DM 9,80

10 Brandoberrat Dipl.-Ing.
Hermann Schröder †
Einsatztaktik für den
Gruppenführer
12. Auflage in Vorbereitung

11a Brandoberamtsrat
Kurt Klösters
Feuerwehrgeräte
Sicherheit durch Wartung
3. Auflage in Vorbereitung

12 Brandoberamtsrat
Kurt Klösters
Kraftspritzen –
Sicherheit durch Wartung
1. Auflage, DM 14,–

13 Johann Schwarzenbacher
Baukunde für den Feuerwehrmann
6. Auflage in Vorbereitung

14 Brandamtmann Dipl.-Ing. (FH)
Peter Symanowski
Feuerlöscher im vorbeugenden Brandschutz
9. Auflage in Vorbereitung

15 Ltd. Branddirektor Dipl.-Ing.
Kurt Klingsohr
Atemschutz
11. Auflage in Vorbereitung

17 Oberbrandrat Dipl.-Ing.
Jürgen Kallenbach
Arbeitsschutz und Unfallverhütung bei den Feuerwehren
6. Auflage, DM 11,80

18 Stadtbrandinspektor a. D.
Dipl.-Ing. (FH)
Heinrich Reuter
Formeln und Tabellen für die Feuerwehr
5. Auflage, DM 11,80

19 Dr. med.
Eckbert Zylmann
Präsident a. D.
Erste Hilfe im Feuerwehrdienst
7. Auflage, DM 9,80

20 Oberbranddirektor a. D. Dipl.-Ing.
Helmut Farrenkopf
Oberbrandrat Dipl.-Ing.
Dieter Farrenkopf
Strahlenschutz der Feuerwehr
6. Auflage in Vorbereitung

22 Ltd. Branddirektor a. D. Dipl.-Ing.
Heinz Diekmann
Brände in elektrischen Anlagen
5. Auflage, DM 7,80

24 Dipl.-Ing.
Bernhard Hentschel
Direktor der LFS NRW a. D.
Brandoberamtsrat a. D.
Richard Marquardt †
überarbeitet von
Oberbrandrat a. D. Dipl.-Ing.
Herbert Rust
Feuerwehr-Einsatzübungen
6. Auflage, DM 9,–

25 Ltd. Branddirektor Dipl.-Ing.
Dieter Karlsch
Brandoberinspektor Dipl.-Ing. (FH)
Walter Jonas
Vorbeugender Brandschutz
3. Auflage, DM 8,80

26 Oberforstmeister a. D.
Ehrenfried Liebeneier
Bekämpfung von Waldbränden, Moorbränden, Heidebränden
3. Auflage, DM 7,50

27a Ltd. Branddirektor Dipl.-Ing.
Maximilian Puchner
Die Löschwasserversorgung Teil I: Die Sammelwasserversorgung
3. Auflage in Vorbereitung

Fortsetzung auf Seite III am Schluß des Textes

Inhaltsübersicht

Einleitung

Die wichtigste Aufgabe der Feuerwehr ist die Bekämpfung von Bränden.

Das Hauptlöschmittel ist das Löschwasser, das aus Hydranten einer Sammelwasserversorgungsanlage oder aus offenen Wasserstellen entnommen wird.

Einer der Hauptvorteile des Löschmittels Wasser besteht darin, daß es mit den heute verfügbaren technischen Hilfsmitteln über jede praktisch vorkommende Enrfernung von der Wasserstelle zur Brandstelle gefördert werden kann.

Um die Löschwasserförderung so durchzuführen, daß die höchstmögliche Sicherheit und der beste Wirkungsgrad erreicht werden, sind technische Kenntnisse notwendig, die zum Rüstzeug zumindest jedes Feuerwehrführers gehören. Die Lehrschrift hat den Zweck, die Zusammenhänge aufzuzeigen und dem Feuerwehrmann die unbedingt notwendigen Kenntnisse auf diesem Gebiet zu vermitteln, die er in der Feuerwehrpraxis benötigt.

1. Grundlagen zur Löschwasserförderung

1.1 Geräte

Die Geräte sind nur insoweit besprochen, als das zum Verständnis des Sachgebietes notwendig ist. Zur Löschwasserförderung benötigen wir Feuerlösch-Kreiselpumpen, Förderleitungen und wasserführende Armaturen.

Feuerlösch-Kreiselpumpen

sind in **Löschgruppenfahrzeugen, Tanklöschfahrzeugen** oder **Tragkraftspritzen** eingebaut. An Stelle der Bezeichnung Feuerlösch-Kreiselpumpen wird auch das Kurzzeichen **FP** benutzt.

Förderleitungen sind:
In der Regel **Schlauchleitungen,** und zwar Saugleitungen aus Saugschläuchen nach DIN 14810 und Druckleitungen aus Druckschläuchen nach DIN 14811.
In **Ausnahmefällen** auch **Schnellkupplungsrohre** nach DIN 19651.

Wasserführende Armaturen sind:
1. **Standrohr** zur Wasserentnahme aus Unterflurhydranten.
2. **Saugkorb** mit Rückschlagventil verhindert das Eindringen von Fremdkörpern in den Förderstrom und ermöglicht, wenn notwendig, das Auffüllen von Saugleitung und Pumpe mit Wasser.
3. **Sammelstück** ermöglicht die Speisung einer Feuerlösch-Kreiselpumpe aus zwei ankommenden Druckleitungen.
4. **Verteiler** zum Verteilen eines starken Förderstromes in mehrere kleinere.
5. **Kupplungen** zum Verbinden der Einzelteile zu Förderleitungen.

6. **Druckbegrenzungsventil** verhindert Überdrücke und Druckschläge in der Förderleitung und dient deswegen zur Schonung von Schläuchen und Pumpe.

1.2 Feuerlösch-Kreiselpumpe

Die Feuerlösch-Kreiselpumpe hat die Aufgabe, eine ausreichende Wassermenge unter ausreichendem Druck zu **fördern.** Wir bezeichnen die gelieferte Wassermenge als **Förderstrom,** den erzeugten Druck als Förderdruck. Die Leistung einer Pumpe besteht also darin, bei einer bestimmten Drehzahl (Umdrehungen/min) einen bestimmten **Förderstrom** (Liter/min) mit einem bestimmten Förderdruck (bar) zu liefern. Der Förderstrom ist außerdem abhängig von der Wassermenge, die der Pumpe zugeführt wird. In dem **Normblatt Feuerlösch-Kreiselpumpen DIN 14420** (Teil 1 und 2) sind Begriffe, Typbezeichnungen und Leistungsbedingungen für Feuerlösch-Kreiselpumpen festgelegt.

Welche Begriffe unterscheiden wir?

1. **Die geodätische Saughöhe** (H_{sgeo})
   ist der senkrechte Abstand zwischen dem saugseitigen Wasserspiegel und der Pumpenmitte in Metern. Sie ist unabhängig vom Verlauf und der Länge der Saugleitung.

2. **Die geodätische Nennsaughöhe** (H_{sgeoN})
   ist der für die normmäßige **Nennförderleistung** festgelegte Höhenunterschied in Metern zwischen Pumpenmitte und saugseitigem Wasserspiegel.

3. **Der Eingangsdruck** (p_e)
   ist der Druck im Eintrittsquerschnitt und wird an dem saugseitig angeordneten Mano-Vakuummeter der Pumpe

in bar abgelesen. Der Eingangsdruck ist **Unterdruck,** wenn die Pumpe im Saugbetrieb arbeitet. Der Unterdruck ergibt sich aus der geodätischen Saughöhe **und** den Verlusten, die durch Reibung und Beschleunigung des Wassers in der Saugleitung entstehen. Er wird auf dem **Vakuumteil** des Manometers (rote Skala –1,0 bis 0 bar) abgelesen. Der Eingangsdruck ist **Überdruck,** wenn die Pumpe mit Eingangsdruck arbeitet, d.h. wenn der Pumpe das Wasser aus dem Hydranten oder einer anderen Pumpe zugeführt wird. Er wird auf dem **Druckteil** des Manometers (schwarze Skala 0 bis 25 bar) abgelesen.

4. **Der Ausgangsdruck** (p_a)
   ist der Druck (Überdruck) im Austrittsquerschnitt, mit dem das Wasser die Pumpe verläßt. Im praktischen Betrieb wird dieser Druck auf dem druckseitigen Manometer der Pumpe abgelesen. Anzeigebereich 0 bis 25 bar.

5. **Der Förderdruck** (p)
   ist der Unterschied zwischen dem Druck im Austrittsquerschnitt (Ausgangsdruck) und dem Druck im Eintrittsquerschnitt (Eingangsdruck) in bar.
   Der Begriff Förderdruck – früher manometrische Gesamtförderhöhe genannt – wird zur exakten Leistungsbestimmung einer Feuerlöschkreiselpumpe nach DIN 14420 benötigt. In der Praxis der Löschwasserförderung spielt er keine Rolle.

Was verstehen wir unter der Nennförderleistung einer Feuerlösch-Kreiselpumpe?

Die im Normblatt DIN 14420 unter ganz bestimmten Bedingungen festgelegte Leistung einer Pumpe.

Durch welche Begriffe wird die Nennförderleistung festgelegt?

1. Durch den **Nennförderstrom** (Q_N)
   Der **Nennförderstrom** in l/min ist der für die **Nennförderleistung** festgelegte Volumenstrom, der bei der geodätischen **Nennsaughöhe,** dem **Nennförderdruck** und der **Nenndrehzahl** erreicht werden muß:
   200, 400, 800, 1600, 2400, 3200 l/min
   Die geodätische Nennsaughöhe beträgt für die Pumpentypen 2/5 und 4/5 **1,50 Meter,** für die Typen 8/8, 16/8, 24/8 und 32/8 **3 Meter.**

2. **Durch den Nennförderdruck** (p_N)
   Der Nennförderdruck in bar ist der für die **Nennförderleistung** festgelegte **Förderdruck,** der für die **Nennförderleistung** erzeugt werden muß. Er beträgt für die Pumpentypen 2/5 und 4/5 **5 bar,** für die Typen 8/8, 16/8, 24/8 und 32/8 **8 bar.**

3. Durch die **Nenndrehzahl** (N_n)
   Die Nenndrehzahl ist diejenige Drehzahl der Laufradwelle in U/min, die erforderlich ist, um den jeweiligen **Nennförderstrom** bei **Nennförderdruck** zu erzielen.

Wie werden die Feuerlösch-Kreiselpumpen bezeichnet?

Die Feuerlöschkreiselpumpe hat das Kurzzeichen **FP.** An dieses Kurzzeichen werden Zahlen angehängt, welche die **Nennförderleistung** angeben.

Was bedeuten diese Zahlen?

Die **erste Zahl** steht für den **Nennförderstrom** und gibt, mit 100 malgenommen, den Nennförderstrom in l/min an. Z.B.: 2 x 100 = 200 l/min, 4 x 100 = 400 l/min, 8 x 100 = 800 l/min usf.

Die **zweite Zahl** steht für den **Nennförderdruck** in bar. Z.B.: 5 = 5 bar, 8 = 8 bar. Eine Feuerlöschkreiselpumpe mit einem Nennförderstrom von 800 l/min (8) und einem Nennförderdruck von 8 bar (8) heißt also: **Feuerlösch-Kreiselpumpe DIN 14420 – FP 8/8.** Das Typenkurzzeichen wird gesprochen: acht, acht.

Welche Pumpen werden für die Löschwasserförderung benötigt?

Die kleineren Feuerlösch-Kreiselpumpen und die Lenzpumpen sind für die Wasserförderung über größere Strecken von untergeordneter Bedeutung.
Es sind dies die Typen FP 2/5, FP 4/5 und LP 24/3.
Die wichtigsten Pumpen sind demnach die Typen
8/8, 16/8, 24/8 und 32/8.

Welche Leistungen werden von diesen Pumpen gefordert?

1. Die **Nennleistung** bei **3 m** geodätischer Saughöhe.
   Sie beträgt für die

Feuerlösch-Kreiselpumpe	8/8	16/8	24/8	32/8
Nennförderstrom l/min	800	1600	2400	3200
Nennförderdruck bar	8	8	8	8

Arbeitet eine Feuerlösch-Kreiselpumpe unter anderen Betriebsbedingungen, dann erhalten wir andere Wasserlieferungen. Nimmt z. B. die Saughöhe zu, geht der Förderstrom zurück.

2. Die **Förderleistung** bei **7,50 m** geodätische Saughöhe.
   Sie beträgt für die

Feuerlösch-Kreiselpumpe	8/8	16/8	24/8	32/8
Förderstrom l/min	400	800	1200	1600
Förderdruck bar	8	8	8	8

Bei diesen Pumpen muß der Förderstrom bei gleichem Förderdruck noch 50% des Nennförderstromes erreichen, wenn die geodätische Saughöhe 7,50 m beträgt.
Der Förderstrom wird aber auch geringer, wenn die Pumpe einen größeren Förderdruck als den Nennförderdruck erzeugt.

3. Die **Förderleistung** bei einem **Förderdruck von 12 bar** Sie beträgt für die

Feuerlösch-Kreiselpumpe	8/8	16/8	24/8	32/8
Förderstrom l/min	400	800	1200	1600
Förderdruck bar	12	12	12	12

Ist der Förderdruck um 50% höher als der Nennförderdruck, muß der Förderstrom noch 50% des Nennförderstromes betragen.

Welche Leistungen werden von den Pumpen erreicht?

Die in der Norm geforderten Nennleistungen sind **Mindestleistungen.** Die tatsächlichen Leistungen sind höher. Sie betragen bei 3 m geodätischer Saughöhe etwa:

Feuerlösch-Kreiselpumpe		TS 8/8	LF 8	LF 16
Förderstrom	l/min	1000	1350	2400
Förderdruck	bar	8	8	8

Merke: Wird einer Feuerlösch-Kreiselpumpe das Wasser von einem Hydranten oder von einer anderen Pumpe zugedrückt, liefert eine Pumpe unter Umständen mehr Wasser. Der Förderstrom wird dann von der Menge des zugedrückte Wassers bestimmt.

Für uns genügt es zu wissen, daß jede Pumpe bei einem Eingangsdruck von 1,5 bar **mindestens** ihren Nennförderstrom weiterfördern kann.

Welcher Unterschied besteht zwischen dem LF 16 und der TS 8/8 in bezug auf die Löschwasserförderung?

Der Unterschied liegt in der Größe des Förderstromes. Wir können mit dem LF 16 das Wasser **nicht** weiter und **nicht** höher fördern als mit der TS 8/8.
Wir können lediglich unter sonst gleichen Bedingungen mit dem LF 16 mehr Wasser als mit der TS 8/8 an dieselbe Stelle fördern. Dies gilt sinngemäß für alle größeren Pumpen.

1.2.1 Die Saugseite

1. **Das Saugen**
   Die **wirkende Kraft** beim Saugen ist der atmosphärische Luftdruck = Druck der die Erde umgebenden Luft auf die Erdoberfläche infolge des Gewichtes der Luft.

Wie groß ist der Luftdruck?
Die **Größe hängt ab**

1. vom **Gewicht der Luft**
$1\ dm^3$ = 1 Kubikdezimeter = 1 Liter Luft wiegt rund 1 Gramm

2. von der **Höhenlage des Ortes**
Je tiefer ein Ort liegt, desto größer ist die Luftsäule, die über ihm ruht, und umgekehrt. In Höhe des Meeresspiegels beträgt der Luftdruck 1,013 bar = 1013 mbar, was einer Saughöhe von 10,33 m entspricht.

3. von der augenblicklichen **Wetterlage.**
Schönes Wetter = hoher Luftdruck

Schlechtes Wetter = tiefer Luftdruck

Für unsere Zwecke genügt es, wenn wir die Größe des Luftdruckes mit rund 1 bar annehmen.

2. **Der Saugvorgang**

Die wirkende Kraft ist der Luftdruck. Wir schaffen mit unseren Geräten nur die Voraussetzung für sein Arbeiten in unserem Sinne.

1. Die Pumpe ist in Stellung gebracht und die Saugleitung verlegt.

Die Pumpe arbeitet noch nicht

Der Wasserspiegel innerhalb und außerhalb der Saugleitung liegt in gleicher Höhe.

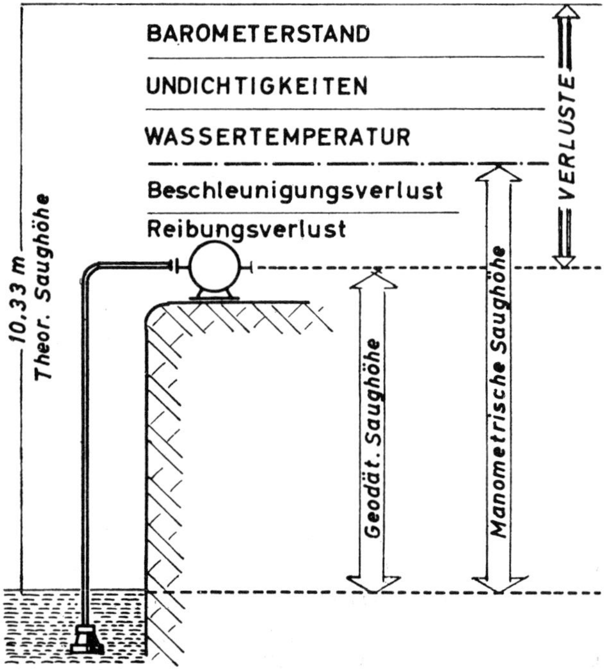

Auf dem **Wasserspiegel innerhalb** und **außerhalb der Saugleitung** ruht der **gleiche Druck,** nämlich der atmosphärische Luftdruck. Es herrscht Gleichgewicht.

2. Durch die **Entlüftungseinrichtung** (Entlüftungspumpe) wird der größte Teil der Luft aus der Saugleitung und der Pumpe entfernt. Von außen kann keine Luft nachströmen, da Leitung und Pumpe luftdicht von der Außenluft abgeschlossen sind: Von unten durch das Wasser und von den übrigen Seiten durch geeignete Konstruktion von Saugleitung und Pumpe.
Durch Entfernen der Luft aus Saugleitung und Pumpe wird der Druck auf die Wasseroberfläche innerhalb der Saugleitung verringert. Es entsteht ein Unterdruck (gegen außen).

3. Der jetzt größere, auf der Wasseroberfläche außerhalb der Leitung ruhende **Luftdruck drückt das Wasser durch die Saugleitung in die Pumpe.**

3. **Die saugseitigen Verluste**
Der Luftdruck müßte, da er dem Druck einer Wassersäule von rund 10 m Höhe entspricht, das Wasser 10 m hoch drücken:

Theoretische Saughöhe = 10,33 m bei 1,013 bar.
Praktisch kann aber der Luftdruck nicht restlos zum Hochdrücken der Wassersäule verwandt werden, da
1. Saugleitung und Pumpe nicht ganz luftleer gemacht werden können,
2. Saugleitung und Pumpe nicht ganz luftdicht sind. Es dringt immer noch Luft in geringen Mengen ein.
3. zur Beschleunigung des Wassers aus dem ruhenden in den fließenden Zustand zusätzlich Kraft gebraucht wird,
4. Strömungsverluste in Saugleitung und Pumpe überwunden werden müssen,
5. sich bei erhöhter Wassertemperatur Wasserdampf ent-

wickelt, der einen Gegendruck ausübt. Die Saughöhe verringert sich dadurch

bei	10	20	30	40	50	60	70 . . . 100° C
um	12	24	32	43	126	203	318 . . . 1033 cm

Die mit unseren Geräten erreichbaren Saughöhen betragen **8,00 bis 8,50 m.**

1.2.2 Die Druckseite

Vereinfacht ausgedrückt besteht die Wirkungsweise einer Feuerlösch-Kreiselpumpe darin, daß sie dem am Saugstutzen eintretenden Wasser Geschwindigkeit erteilt und diese Geschwindigkeit in Druck umwandelt. Dabei bestehen zwischen Drehzahl, Förderstrom und Förderdruck gesetzmäßige Zusammenhänge.

Bei **geschlossenen** Druckausgängen ist:

der Förderstrom = 0,

der Förderdruck am größten.

Werden die Druckausgänge allmählich geöffnet, nimmt der Förderstrom zu, der Förderdruck dagegen ab.

Bei ganz **geöffneten** Druckausgängen ist:

der Förderdruck = 0,

der Förderstrom am größten.

Auf Grund der Wechselbeziehung zwischen Förderstrom und Förderdruck können wir sagen:

1. Zu jedem Förderdruck gehört bei einer bestimmten Drehzahl ein ganz bestimmter Förderstrom.
2. Bei geöffneten Druckausgängen stellt sich der Pumpendruck nach dem Maß des **Gegendruckes** (Widerstand in der Schlauchleitung und am Strahlrohr) ein.
3. Bei gleichbleibender Drehzahl gilt:
   Je größer der Gegendruck, desto kleiner der Förderstrom.
   Je kleiner der Gegendruck (freier Auslauf) desto größer der Förderstrom.

In der Praxis kann bei Vollast und 3 m geodätischer Saughöhe mit folgenden Werten gerechnet werden:
TS 8/8:

l/min	0	500	750	850	1000	1100	1200	1250	1300	1350	1400
bar	16	12	10	9	8	7	6	5	4	3	2

LF 8 mit fest eingebauter Pumpe:

l/min	0	900	1100	1200	1350	1400	1450	1500	1550	1600	1600
bar	16	12	10	9	8	7	6	5	4	3	2

LF 16 und TLF 16:

l/min	0	1500	2000	2200	2400	2500	2600	2700	2800	2900	3000
bar	16	12	10	9	8	7	6	5	4	3	2

2. Druckverbrauch

Der von einer Pumpe erzeugte Druck wird bei der Förderung des Wassers von der Pumpe bis zur Brandstelle verbraucht. Wir müssen dabei unterscheiden zwischen dem Druckverbrauch, der **zwangsläufig** eintritt durch die unvermeidlichen **Verluste** infolge **Reibung** und gegebenfalls **Höhenzunahme,** und dem Druckverbrauch, der **beabsichtigt** eintritt durch den **Bedarf** am **Strahlrohr** bzw. am Saugeingang einer **Verstärkerpumpe.** Der Druckverbrauch setzt sich also zusammen aus

Druckverlust + Druckbedarf

Dabei ist

p_R = Druck**verlust** durch Reibungswiderstand (Reibungsverlust)

H_{geo} = Druck**verlust** durch Höhenzunahme (Gelände und Gebäude)

p_{Str} = Druck**bedarf** am Strahlrohr (Strahlrohrdruck)

p_e = Druck**bedarf** am Saugeingang (Eingangsdruck bei Reihenschaltung)

2.1 Der Druckverlust durch Reibungswiderstand = p_R (Reibungsverlust)

Die Druckhöhe, die innerhalb der Schlauchleitung durch den Reibungswiderstand verlorengeht, bezeichnen wir als Druckverlust durch Reibungswiderstand oder einfach als Reibungsverlust, Kurzzeichen p_R.

Wovon hängt die Größe des Reibungsverlustes ab?

Der Druckverlust durch Reibungswiderstand ist keine feste Größe, sondern abhängig:

1. **Von dem Förderstrom** = Q in l/min
d. h. von der geförderten Wassermengen in Liter pro Minute
Je größer der Förderstrom, desto größer der Verlust an Druck infolge Reibungswiderstand.

Förder-strom (Q)	Förderstrecke (E) 100 m B – Leitung	Reibungs-verlust p_R je 100 m
200 l/min	 200	o,1 bar
400 l/min	 200 200	o,3 bar
600 l/min	 200 200 200	o,6 bar
800 l/min	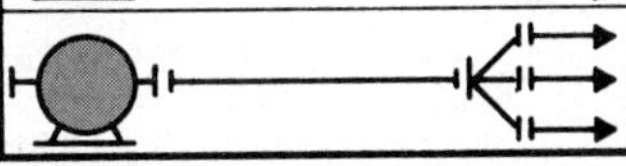 200 400 200	1 bar

Der Förderstrom ist durch die Wasserlieferung der angeschlossenen **Strahlrohre** gegeben.

Die Wasserlieferung hängt ab:
a) von der **Mundstückweite** des Strahlrohres und
b) vom Strahlrohrdruck = p_{Str}
Sind der Wasserdruck am Strahlrohr und die Mundstücksweite bekannt, kann die Wasserlieferung aus nachfolgender Tabelle auf Seite 18 abgelesen werden:

Wasserdurchfluß von Strahlrohrmundstücken
(nach DIN 14200)

Wasserdruck in bar am Strahlrohr	Innendurchmesser d mm 9	10	12	14	16	18	20	22	24	26	28	30
	Wasserdurchfluß Q l/min											
1	54	66	95	130	170	215	265	310	380	445	520	595
1,5	66	81	115	160	205	260	325	390	465	545	635	730
2	76	93	135	185	240	305	375	450	540	630	735	840
2,5	85	105	150	205	270	340	420	505	600	705	820	940
3	93	115	165	225	295	370	460	555	660	775	900	1030
3,5	100	125	180	240	315	400	495	600	710	835	970	1110
4	105	130	190	260	340	430	530	640	760	895	1040	1190
4,5	115	140	200	275	360	454	560	680	810	950	1100	1260
5	120	150	215	290	380	480	590	715	850	1000	1160	1330
5,5	125	155	225	305	395	500	620	750	895	1050	1220	1400
6	130	160	235	315	415	525	650	785	935	1090	1270	1460
6,5	135	170	245	330	430	545	675	815	970	1140	1320	1520
7	140	175	250	345	450	565	700	845	1010	1180	1370	1570
7,5	145	180	260	355	465	585	725	875	1040	1220	1420	1630
8	150	185	270	365	480	605	750	905	1080	1260	1470	1680
8,5	155	195	280	380	495	625	770	939	1110	1300	1510	1730
9	160	200	285	390	510	640	795	960	1140	1340	1550	1780
9,5	165	205	295	400	520	660	815	985	1170	1380	1600	1830
10	170	210	300	410	535	670	835	1010	1200	1410	1640	1880

Beispiel: 1 Mundstück 12 mm ∅ bei 5 bar Druck liefert 210 l/min.

Welches sind die **wichtigsten Werte** für Wasserlieferung aus Strahlrohren?

Für den **praktischen Betrieb** merken wir uns:

Bei einem Strahlrohrdruck p_{Str} von 5 bar liefert

1 C-Strahlrohr mit Mundstück ungefähr	100 l/min
1 C-Strahlrohr ohne Mundstück ungefähr	200 l/min
1 B-Strahlrohr mit Mundstück ungefähr	400 l/min
1 B-Strahlrohr ohne Mundstück ungefähr	800 l/min

Wie groß ist der **Förderstrom,** der in **Normalfällen** durch Schlauchleitungen **gefördert** wird?

Die Größe des Förderstromes ergibt sich aus Art und Anzahl der angeschlossenen Strahlrohre. Je größer der Förderstrom, desto größer der Reibungsverlust.

Schlauch-leitung	Angeschlossene Strahlrohre Strahlrohrdruck = 5 bar	Förderstrom in l/min
C 42 oder C 52	1 C – 9 mm ∅	100
	1 C – 12 mm ∅	200
B	1 C – 12 mm ∅	200
	2 C oder 1 B 12 mm 16 mm ∅	400
	3 C oder 1 B + 1 C 12 mm 16 mm 12 mm ∅	600
	2 C + 1 B oder 1 B 12 mm 16 mm 22 mm ∅	800

2. **Von dem Durchmesser der Förderleitung**
   Je **enger** die **Leitung,** desto größer der Druckverlust infolge Reibungswiderstand.
   Bei gleichem Förderstrom ist der Reibungsverlust in einer **C 42-Leitung** rund **15–20mal** und in einer **C 52-Leitung** rund **5–6mal so groß** wie in einer entsprechenden B-Leitung (s. Tab. S. 20 oben).

Förderstrecke (E) 100 m Förderstrom (Q) 800 l/m.	Leitung Ø in mm	Reibungs- verlust p_R je 100m
C 42	42	20 bar
C 52	52	6,5 bar
B	75	1 bar
Rohr	87	o,5 bar
Rohr	105	o,2 bar

3. **Von der Beschaffenheit der Förderleitung**
   Je **rauher** die **Innenwandung** der Leitung, **desto größer** der **Druckverlust** infolge Reibungswiderstand.
   Bei gleichem Förderstrom ist der Reibungsverlust in rohen Schläuchen mehr als doppelt so groß wie in gummierten. Deshalb sind rohe Druckschläuche in der neuen Schlauchnorm DIN 14811 nicht mehr aufgeführt.

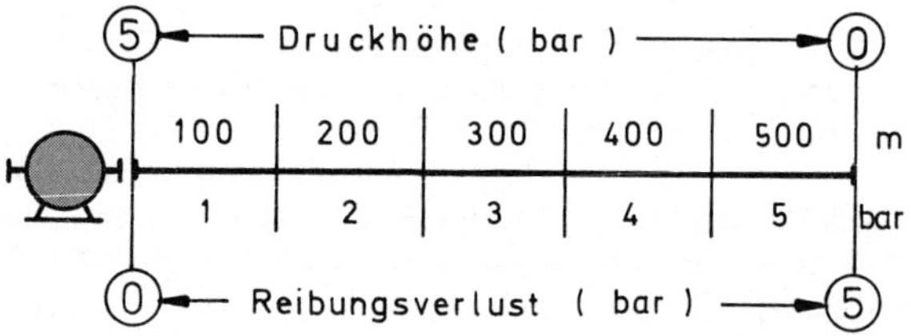

4. **Von der Länge der Förderleitung**
   Je **länger die Leitung, desto größer der Druckverlust** infolge Reibungswiderstand. Beträgt z. B. der Reibungsverlust auf 100 m Leitung = 1 bar, dann ist er auf 200 m = 2 x 1 = 2 bar, auf 300 m = 3 x 1 = 3 bar, auf 500 m 5 x 1 = 5 bar usf.

Zusammenfassend können wir sagen:

Der Reibungsverlust (p_R) ist abhängig von

1. Förderstrom = Q in l/min
2. Durchmesser der Förderleitung (C 42 = 42 mm, C 52 = 52 mm, B = 75 mm ∅).
3. Beschaffenheit der Förderleitung (rauh oder glatt).
4. Länge der Förderleitung.

Dabei ergibt sich

der **Förderstrom** aus Anzahl und Art der angeschlossenen **Strahlrohre,**

der **Durchmesser** und die **Beschaffenheit** der Förderleitung aus der Art des verwendeten **Schlauchmaterials,** die **Länge** der Förderleitung aus den jeweiligen **Verhältnissen** an der Brandstelle.

Reibungsverlustzahlen

Für die Ermittlung des Druckverlustes durch Reibungswiderstand muß bekannt sein, wie hoch der jeweilige Druckverlust unter den verschiedenen Voraussetzungen ist. Man hat deshalb durch praktische Versuche die sogenannten **Reibungsverlustzahlen** für die bei der Löschwasserförderung am häufigsten vorkommenden Fälle ermittelt.

Diese Zahlen sind in **bar** angegeben und gelten für 100 m Schlauchleitung. Sie sind für Leitungslängen von 200 m mit 2, 300 m mit 3 usw. zu vervielfachen.

Reibungsverluste bezogen auf je 100 m Schlauchlänge

Förderstrom	Druckschlauch		
Q = l/min	B	C 52	C 42
100		0,15	0,45
200	0,1	0,5	1,5
300	0,2	1	3,2
400	0,3	1,7	4,8
500	0,4	2,4	7
600	0,6	3,5	
800	1	6,5	
1000	1,4		
1200	2		
Reibungsverluste in bar je 100 m			

Was sagen uns diese Zahlen?

1. Mit wachsendem Förderstrom steigen die Reibungsverluste rasch an. Die Verdoppelung der geförderten Wassermenge bewirkt eine Zunahme des Reibungsverlustes um etwa das Vierfache.
2. Bei gleichem Förderstrom ändern sich die Reibungsverlustzahlen entsprechend dem benutzten Schlauchmaterial.
3. Über größere Entfernungen läßt sich Löschwasser in ausreichender Menge wirtschaftlich nur in gummierten B-Schläuchen fördern.

2.1.1 Ermittlung des Reibungsverlustes (p_R) für eine gegebene Förderstrecke

Die Ermittlung des Reibungsverlustes für eine gegebene Leitungsstrecke gehört zu den wichtigsten Voraussetzungen bei der Löschwasserförderung.

Da die Bestimmung des Reibungsverlustes sehr oft an der

Brandstelle unter ungünstigsten Bedingungen – Aufregung, Zeitnot usw. – durchgeführt werden muß, ist es erforderlich, so weit wie möglich zu vereinfachen. Unsere Förderleitungen bestehen im Normalfalle aus einer B-Leitung von der Pumpe bis zum Verteiler und den vom Verteiler abgehenden C-Leitungen zu den Strahlrohren. Wollten wir ganz genau rechnen, dann müßten wir zuerst den Reibungsverlust für die B-Leitung berechnen und den Reibungsverlust für die C-Leitung dazuzählen. Dadurch würde die ganze Rechnerei zu kompliziert. Deswegen berücksichtigen wir grundsätzlich nur den **Reibungsverlust für die B-Leitung von der Pumpe bis zum Verteiler.** Höhenzunahme hinter dem Verteiler müssen jedoch unbedingt eingerechnet werden.

Der Reibungsverlust kann auf zwei Arten ermittelt werden:

1. Durch **Berechnung** mit Hilfe der Reibungsverlustzahlen.
2. Durch **Ablesen** mit Hilfe der Ablesetafel.
   (Ablesemethode siehe Seite 38)

Berechnungsbeispiele:

1. Beispiel

Entfernung:	E = Pumpe – Verteiler = 350 m	
Leitung:	B – Schlauch	
Förderstrom:	Q = 800 l/min	
Reibungsverlust (p_R	= ? bar	
Reibungsverlust:	auf 100 m Leitung	= 1 bar
	auf 350 m Leitung = 1 x 3,5	= 3,5 bar
	oder 1 + 1 + 1 + 0,5	= 3,5 bar

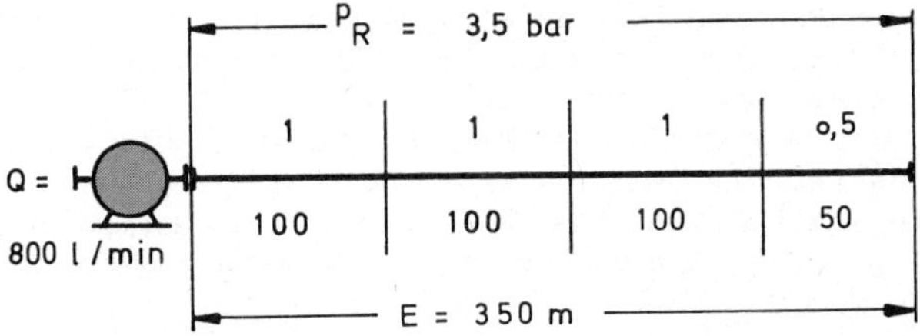

2. Beispiel

Entfernung: E = Pumpe - Brandstelle = 80 m
Leitung: B
Förderstrom: Q = 800 l/min
Reibungsverlust (p_R) = ? bar
Reibungsverlust auf 100 m Leitung = 1 bar
auf 80 m Leitung = 0,8 x 1 = 0,8 bar

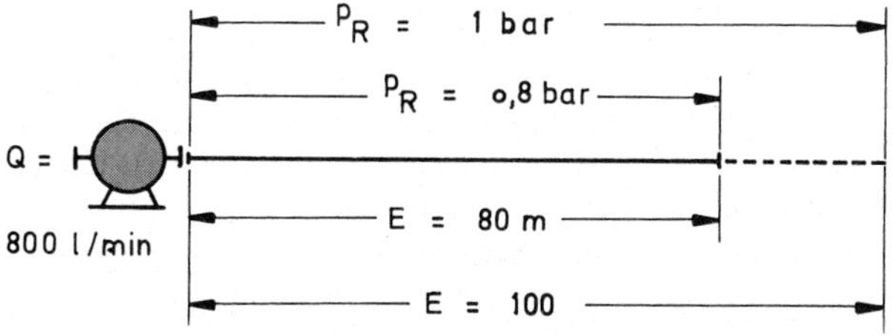

2.2 Druckverlust durch Höhenzunahme = H_{geo}

Liegt die **Brandstelle** höher als die **Wasserentnahmestelle,** ist zum Heben des Wassers Druck erforderlich. Es entsteht ein Druckverlust infolge der Höhenzunahme (H_{geo}) durch ansteigendes Gelände oder zu überwindende Gebäudehöhen.
In Ausnahmefällen kann die **Brandstelle niedriger** liegen als die **Wasserentnahmestelle.** Dann erhalten wir durch das Gewicht des Wassers einen **Druckgewinn.** Fällt jedoch die Leitung und steigt dann wieder an, dann gleichen sich Druckgewinn und Druckverlust aus, wenn die Leitung wieder auf die gleiche Höhe ansteigt.
Maßgebend ist allein der Höhenunterschied zwischen **Anfang** und **Ende** der jeweiligen Förderstrecke. Das ist für die

a) **Strahlrohrstrecke** der Höhenunterschied zwischen Pumpe und Strahlrohr, wenn die Strahlrohrstrecke bestimmt werden soll (s. Abb. S. 25).

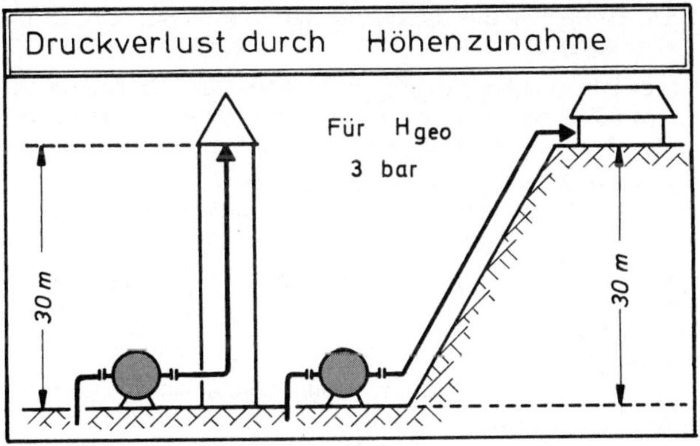

b) **Teilstrecke** der Höhenunterschied zwischen z. B. Pumpe 1 und Pumpe 2, wenn der **Abstand** zwischen zwei Verstärkerpumpen bestimmt werden soll.
c) **Gesamtstrecke** der Höhenunterschied zwischen der Pumpe an der Wasserentnahmestelle und dem Strahlrohr, wenn die Anzahl der benötigten Pumpen bestimmt werden soll.

Größe des Druckverlustes oder -gewinnes durch Höhenunterschied

Regel:
Der Druckverlust oder -gewinn in bar ist gleich dem Höhenunterschied in Metern geteilt durch 10.

Beispiel:

Höhenunterschied zwischen Pumpe und Strahlrohr	= 50 m
Steigt das Gelände – Druckverlust = 50 : 10	= 5 bar
Fällt das Gelände – Druckgewinn = 50 : 10	= 5 bar

2.2.1 Ermittlung des Druckverlustes durch Höhenzunahme (H_{geo})

Die exakte Ermittlung der Höhenzunahme für eine Förderstrecke ist genau so wichtig wie die Bestimmung des Reibungsverlustes. Durch das Verhältnis 1 : 0,1 – ein Meter Höhenzunahme erfordert einen Druck von 0,1 bar – ist die Notwendigkeit für ein sorgfältiges Arbeiten gegeben. Zur Ermittlung des Höhenunterschiedes leisten Hilfsmittel gute Dienste, wenn eine vorzubereitende Förderstrecke für Einsatzpläne festgelegt werden soll.

Hilfsmittel sind:
Visiereinrichtungen, Schätzbehelfe, Winkelmesser, kartographische Unterlagen und ähnliches. Ihre Anwendung erfordert Übung und Zeit sowie gutes Wetter und Tageslicht.

Höhenmeßbarometer:
Für den unmittelbaren, nicht vorbereiteten Aufbau einer Förderstrecke ist zur **schnellen** und **sicheren** Bestimmung der Höhenzunahme ein Höhenmeßbarometer **unerläßlich.**

2.3 Der Druckbedarf am Strahlrohr = p_{Str} (Strahlrohrdruck)

Um am Strahlrohr einen löschkräftigen Strahl zu erhalten, benötigen wir einen bestimmten Druck, der von der Brandstellenpumpe aufgebracht werden muß. Für die Brandbekämpfung ist die Einhaltung des richtigen Strahlrohrdruckes von besonderer Wichtigkeit. Sinkt der Strahlrohrdruck unter den vorgeschriebenen Wert, verliert der Löschstrahl an Löschkraft, und die Wasserlieferung der Strahlrohre, die ja einen bestimmten Druck voraussetzt, wird geringer.

Streng genommen sind für die verschiedenen Mundstücksweiten unterschiedliche Strahlrohrdrücke erforderlich. Z. B.:

Strahlrohr ∅ in mm	9	12	16	22
Strahlrohrdruck in bar	3,5	4,5	5,5	6,2

Wenn wir aber davon ausgehen, daß Strahlrohre mit Mundstücken von mehr als 16 mm nur in Ausnahmefällen verwendet werden, können wir vereinfachen.

Wir benötigen

a) für genormte **Strahlrohre**
einen Strahlrohrdruck (p_{Str}) = 4 – 5 bar

b) für **Schaumrohre**
einen Strahlrohrdruck (p_{Str}) = 5 – 6 bar

Wegen der Druckverluste im Verteiler bzw. Zumischer ist es zweckmäßig, den Strahlrohrdruck immer etwas höher als eigentlich benötigt anzusetzen. Wir brauchen den Druckverlust in diesen Armaturen nicht gesondert einzurechnen, wenn wir dem **benötigten** Strahlrohrdruck jeweils **0,5 – 1 bar** für diese Verluste **hinzuzählen.**

2.4 Der Druckbedarf am Saugeingang = p_e (Eingangsdruck)

Wenn wir mit Hilfe einer oder mehrerer Verstärkerpumpen Wasser über eine größere Entfernung fördern wollen, benötigen wir am Saugeingang der Verstärkerpumpen einen bestimmten Druck. Wir bezeichnen ihn als Druckbedarf am Saugeingang (p_e) oder kurz als Eingangsdruck.

Wozu benötigen wir den Eingangsdruck?

Der **Eingangsdruck** soll das **Zusammenklappen** der **Schlauchleitung** infolge des atmosphärischen Luftdruckes **verhindern.**

Wodurch kann die Schlauchleitung zusammenklappen?

a) Durch Druckschwankungen und Druckabfall in der Schlauchleitung.
b) Durch Fehler bei der Bestimmung der Höhenzunahme bzw. der Entfernung.

Im praktischen Betrieb lassen sich geringe Druckschwankungen und kleinere Verluste durch Meßfehler nicht vermeiden. Um diese Schwankungen bzw. Verluste abzufangen, benötigen wir einen

mittleren Eingangsdruck = 1,5 bar

Bei übersichtlichem, genau vermessenem Gelände **kann** der Eingangsdruck um 0,5 bar **verringert,** bei schwierigem Gelände um 0,5 bar **erhöht** werden. Eine Erhöhung des Eingangsdruckes ist angebracht, wenn Entfernungen und Höhenunterschiede geschätzt werden. Der Eingangsdruck wird von der Wasserentnahmepumpe aufgebracht und an die folgenden Pumpen weitergegeben. Sind alle Werte richtig bestimmt, bleibt er in voller Höhe erhalten und steht an der Brandstellenpumpe zur Verfügung. Im Rahmen des Druckverbrauches nimmt der Eingangsdruck eine Sonderstellung ein. Er wird gebraucht, aber nicht verbraucht.

3. Der benötigte Druck

Der bei der Förderung des Wassers von der Wasserentnahmestelle bis zur Brandstelle benötigte Druck muß von einer oder mehreren Pumpen aufgebracht werden. Dabei muß der erzeugte Druck genau so groß sein wie der verbrauchte Druck.

3.1 Der Ausgangsdruck – p_a (Druck im Austrittsquerschnitt)

Dieser Druck gibt an, unter welchem Druck in bar das Wasser die Pumpe verläßt. In der Praxis wird dieser Druck am Ausgangsdruckmanometer abgelesen; Kurzzeichen = p_a.

Wodurch wird die Höhe des Ausgangsdruckes (p_a) begrenzt?

a) **Theoretisch** durch die Leistungsfähigkeit der Pumpe.
b) **Praktisch durch die Güte des vorhandenen Schlauchmaterials.**

Normalfall: $p_a = 8$ bar
Bei Verwendung alten Schlauchmaterials soll der Ausgangsdruck 5 bar nicht überschreiten.

Wozu wird der Ausgangsdruck (p_a) verwendet?

Je nach Verwendungszweck der Pumpe wird durch den Ausgangsdruck zunächst der Druckbedarf am Strahlrohr oder am Eingang der nächsten Verstärkerpumpe abgedeckt. Der dann noch verbleibende Druck steht zur Deckung der Verluste aus Reibung und Höhenzunahme zur Verfügung.

Fall 1: **Brandstellenpumpe**

Ausgangsdruck = Strahlrohrdruck und verfügbarer Druck

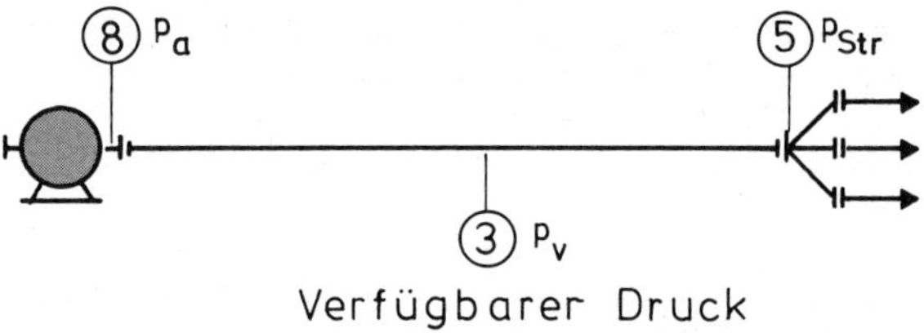

Merke: Bei der **Brandstellenpumpe** muß vom **Ausgangsdruck** stets der **Strahlrohrdruck abgezogen** werden. Der Rest ist verfügbarer Druck.

Fall 2: **Verstärkerpumpe**

Ausgangsdruck = Eingangsdruck und verfügbarer Druck

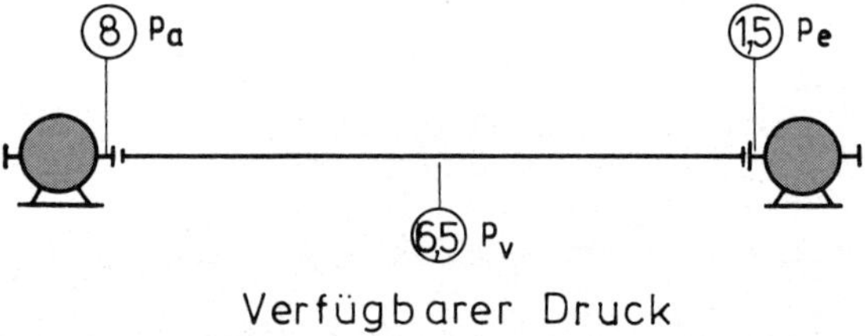

Merke: Bei der **Verstärkerpumpe** muß vom **Ausgangsdruck** stets der **Eingangsdruck für die nächste Pumpe abgezogen** werden. Der Rest ist verfügbarer Druck.

3.2 Der verfügbare Druck für Reibungswiderstand und Höhenzunahme = p_v (verfügbarer Druck)

Der verfügbare Druck zur Deckung der Verluste aus Reibungswiderstand **und** Höhenzunahme ist der Druck, der vom Ausgangsdruck (p_a) verbleibt, wenn der Strahlrohrdruck bzw. Eingangsdruck abgezogen ist. Kurzzeichen p_v.

Wovon hängt die Größe des verfügbaren Druckes (p_v) ab?

1. Vom **Ausgangsdruck,** mit dem an der Pumpe gefahren wird.
2. **Vom Druckbedarf am Ende der Förderleitung.**
   Wir müssen also vom Ausgangsdruck abziehen:
   Strahlrohrdruck oder Eingangsdruck.
   Z. B. Brandstellenpumpe:
   Ausgangsdruck abzügl. Strahlrohrdruck = verfügb. Druck.
   8 bar abzügl. 5 bar = 3 bar
   oder Verstärkerpumpe:
   Ausgangsdruck abzügl. Eingangsdruck = verfügb. Druck.
   8 bar abzügl. 1,5 bar = 6,5 bar

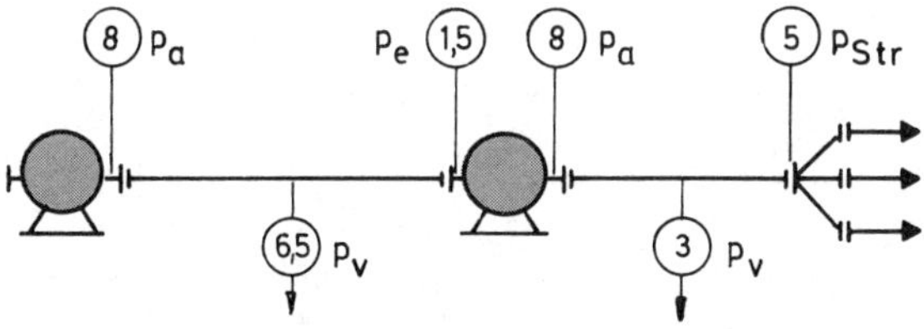

Verfügbarer Druck

3. Vom **Druckgewinn** bei **Geländeabfall**
   Der verfügbarer Druck erhöht sich um den Druck, der durch Gefälle gewonnen wird.

Wozu wird der verfügbare Druck (p_v) benötigt?

a) In der Ebene **nur** zur Deckung des Reibungsverlustes (p_R).

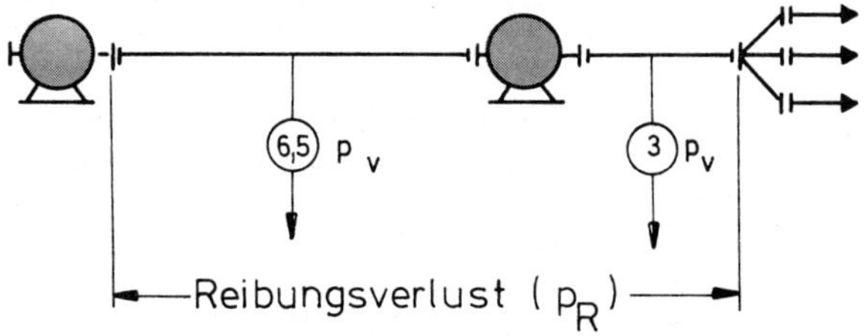

Ist beispielsweise der verfügbare Druck einer Verstärkerstrecke = 6,5 bar oder einer Strahlrohrstrecke 3 bar, dann ist der verfügbare Druck jeweils in voller Höhe zur Deckung der Reibungsverluste verfügbar.

b) Bei **Geländeanstieg** oder **Gebäudehöhen** zur Deckung des Reibungsverlustes (p_R) **und** des Druckverlustes durch Höhenzunahme (H_{geo}).

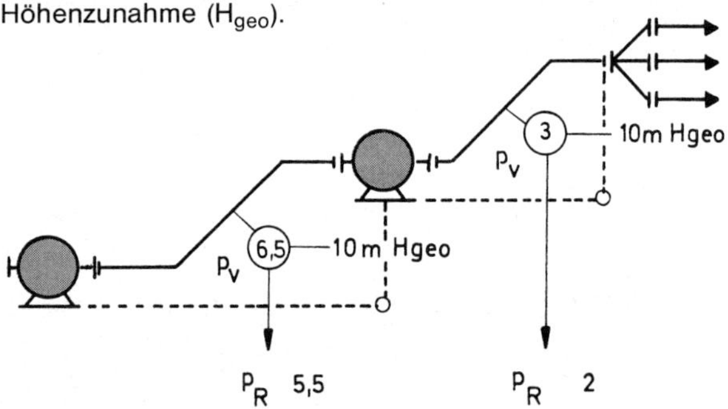

Steigt das Gelände in jeder Strecke z. B. um 10 m an, wird von dem verfügbaren Druck jeweils 1 bar für Höhenzunahme abgezogen. In der Verstärkerstrecke sind dann noch 5,5 bar, in der Strahlrohrstrecke noch 2 bar zur Deckung des Reibungsverlustes verfügbar.

4. Die einfache Förderstrecke

Unter der einfachen Förderstrecke verstehen wir die Schlauchstrecke (E), über die mit einer Pumpe das Löschwasser unter gegebenen Verhältnissen gefördert werden kann. Das ist bei der **Strahlrohrstrecke** die Entfernung

Brandstellenpumpe ⟶ Verteiler,

bei der Teilstrecke der Abstand von einer

Pumpe zur ⟶ nächsten Pumpe.

Wodurch ist die Förderstrecke bestimmt?

1. Durch den Ausgangsdruck (p_a) an der Pumpe,
2. durch den am Ende der Förderstrecke benötigten Druck für **Strahlrohrdruck** (p_{Str}) oder **Eingangsdruck** (p_e),
3. durch den **Reibungsverlust** (p_R) in der Förderleitung,
4. durch **Druckverlust** oder **Druckgewinn** infolge Höhenunterschied.

Welche Entfernung kann unter gegebenen Verhältnissen mit einem bestimmten **Druck** überbrückt werden?
Die Förderstrecke läßt sich mit Hilfe der Reibungsverlustzahlen berechnen oder aus einer Tabelle, welche die bereits ausgerechneten Werten enthält, einfach ablesen. Dazu müssen wir in beiden Fällen den verfügbaren Druck zugrundelegen.

4.1 Die Rechenmethode

Bei der Rechenmethode werden die Reibungsverlustzahlen verwendet; sie gelten für je **100 m** Schlauchlänge. So beträgt z. B. der Reibungsverlust (p_R) für 100 m B-Schlauch bei einer

Fördermenge von Q = 800 l/min 1 bar. Die Reibungsverlustzahl ist somit 1. Ist der verfügbare Druck (p_V) z. B. = 6 bar, dann läßt sich der Reibungsverlust, der pro 100 m Schlauchlänge 1 bar beträgt, sechsmal abdecken. So oft also 1 in 6 enthalten ist, so viel mal 100 m läßt sich das Wasser fördern.

1 in 6 = 6 x 100 m = 600 m **Schlauchstrecke**

oder $\frac{6}{1} = 6 \times 100 \quad = 600$ m

Daraus ergibt sich die Formel:

$$\text{Förderstrecke} = \frac{\text{verfügbarer Druck}}{\text{Reibungsverlust}} \cdot 100$$

$$E = \frac{p_V}{p_R} \cdot 100$$

Diese Formel gilt jedoch nur für Förderstrecken ohne Höhenunterschied. In steigendem Gelände muß die **Höhenzunahme** vom **verfügbaren Druck** abgezogen werden.
Wie bereits zuvor erläutert, entsprechen 10 m Höhenzunahme einem Druckverlust von 1 bar. Formelmäßig ist daher der Wert für Höhenzunahme in Metern (H_{geo}) **durch 10 zu teilen.**

Formel:

$$\text{Förderstrecke} = \frac{\text{verfügb. Druck} - (\text{Druckverlust d. Höhe} : 10)}{\text{Reibungsverlust}} \cdot 100$$

$$E = \frac{p_V - (H_{geo} : 10)}{p_R} \cdot 100$$

Beispiel:

Verfügbarer Druck (p_V) = 6,5 bar

Förderstrom (Q) = 400 l/min
Reibungsverlust (p_R) für 100 m B-Schlauch = 0,3 bar
Höhenzunahme (H_{geo}) = 20 m (20 : 10 =) entspricht 2 bar

$$E = \frac{p_v - (H_{geo} : 10)}{p_R} \cdot 100 = \frac{6{,}5 - (20 : 10)}{0{,}3} = \frac{6{,}5 - 2}{0{,}3} = \frac{4{,}5}{0{,}3}$$

$= 15 \cdot 100 =$ **1500 m**

In abfallendem Gelände muß die Höhenabnahme dem verfügbaren Druck zugezählt werden.

Formel:

$$\text{Förderstrecke} = \frac{\text{Verfügbarer Druck} + (\text{Druckgewinn d. Höhe} : 10)}{\text{Reibungsverlust}} \cdot 100$$

$$E = \frac{p_v + (H_{geo} : 10)}{p_R} \cdot 100$$

Beispiel:
Verfügbarer Druck (p_v) = 4 bar
Förderstrom (Q) = 600 l/min
Reibungsverlust (p_R) für 100 m B-Schlauch = 0,6 bar
Höhenabnahme (H_{geo}) = 20 m (20 : 10 =) = 2 bar

$$E = \frac{p_v + (H_{geo} : 10)}{p_R} \cdot 100 = \frac{4 + (20 : 10)}{0{,}6} = \frac{4 + 2}{0{,}6} = \frac{6}{0{,}6} =$$

$= 10 \cdot 100 =$ **1000 m**

Setzen wir in die Formel ein ± ein, läßt sich eine einheitliche Formel (sowohl für Höhenzu- als auch -abnahme) verwenden.

Je nach Gelände wird der Höhenunterschied (in Metern : 10) von dem verfügbaren Druck in bar abgezogen oder hinzugezählt.

Formel:

$$E = \frac{p_v \pm (H_{geo} : 10)}{p_R} \cdot 100$$

Praktische Anwendung der Rechenmethode

Wollen wir eine Förderstrecke bestimmen, müssen wir wissen, unter welchen Voraussetzungen das Wasser gefördert werden soll.

Wir legen die Förderdaten fest:

1. **Ausgangsdruck** (p_a)
2. **Enddruck** (p_{Str} oder p_e)
3. **Förderstrom** (Q in l/min)
4. **Förderleitung**
5. **Höhenunterschied** (H_{geo})

Sind die Werte bekannt, läßt sich die Förderstrecke berechnen.

Beispiel: Brandstellenpumpe ohne Höhenunterschied.

Förderdaten: p_a = 8 bar, Q = 800 l/min,
p_{Str} = 5,5 bar, B-Schlauch.

Zuerst ziehen wir vom Ausgangsdruck den Strahlrohrdruck ab. Es verbleibt der verfügbare Druck.

$p_v = p_a - p_{Str} = 8 - 5{,}5 = 2{,}5$ bar

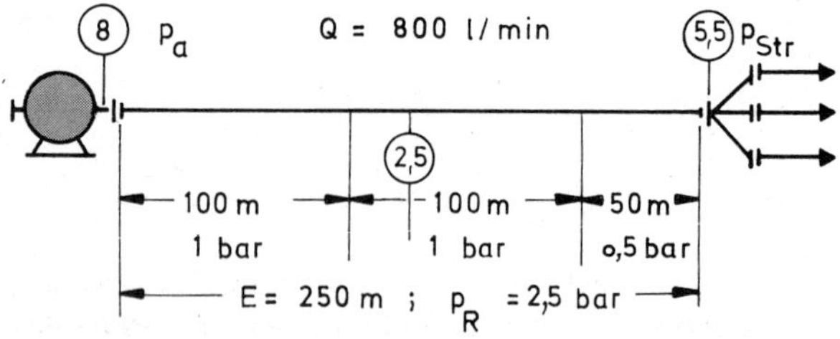

Der Reibungsverlust für je 100 m B-Schlauch beträgt bei einem Förderstrom von 800 l/min = 1 bar.

$$\text{Formel: } E = \frac{p_v}{p_R} \cdot 100 = \frac{2{,}5}{1} \cdot 100 = \mathbf{250\ m}$$

Beispiel: Brandstellenpumpe mit Höhenzunahme

Förderdaten: p_a = 8 bar, Q = 500 l/min,
p_{Str} = 5 bar, B-Schlauch
H_{geo} = 10 m

$p_v = p_a - p_{Str} = 8 - 5 = 3$ bar

p_R für 100 m B-Schlauch bei Q = 500 l/min = 0,4 bar

$$\text{Formel: } E = \frac{p_v - (H_{geo} : 10)}{p_R} \cdot 100 = \frac{3-1}{0{,}4} \cdot 100 = \mathbf{500\ m}$$

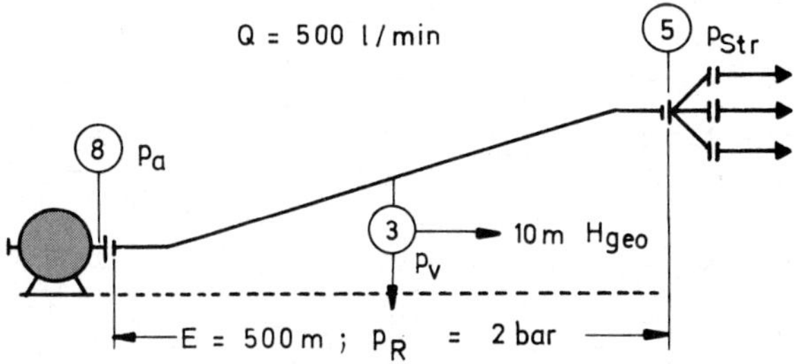

Der verfügbare Druck (p_v) von **3 bar** teilt sich auf in **2 bar** für den Reibungsverlust (p_R) und **1 bar** für die 10 m Höhenzunahme (H_{geo}).

Beispiel: Teilstrecke ohne Höhenunterschied

Förderdaten: p_a = 8 bar, Q = 700 l/min,
p_e = 1,5 bar, B-Schlauch

p_R für 100 m B-Schlauch bei 700 l/min = **0,8 bar**

Formel: $E = \frac{p_v}{p_R} \cdot 100 = \frac{6{,}5}{0{,}8} \cdot 100 =$ **rund 800 m**

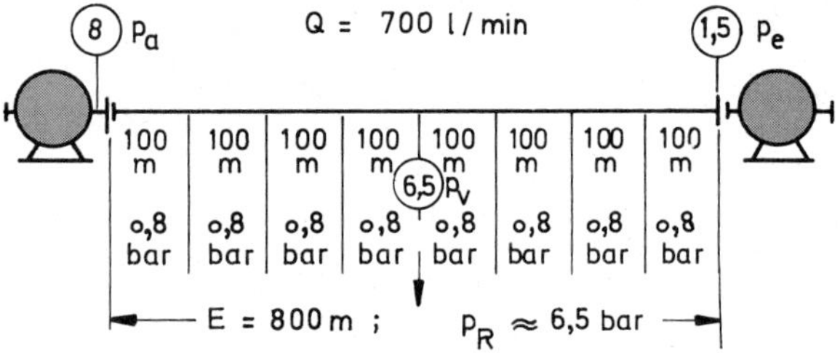

Beispiel: Teilstrecke mit Höhenzunahme

Förderdaten: p_a = 8 bar, Q = 600 l/min,

p_e = 1,5 bar, B-Schlauch

H_{geo} = 30 m (30 : 10) = 3 bar

$p_v = p_a - p_e = 8 - 1{,}5 =$ **6,5 bar**

p_R für 100 m B-Schlauch bei Q = 600 l/min = 0,6 bar

Formel: $E = \frac{p_v - (H_{geo}: 10)}{p_R} \cdot 100 = \frac{6{,}5 - 3}{0{,}6} \cdot 100 =$ **rund 600 m**

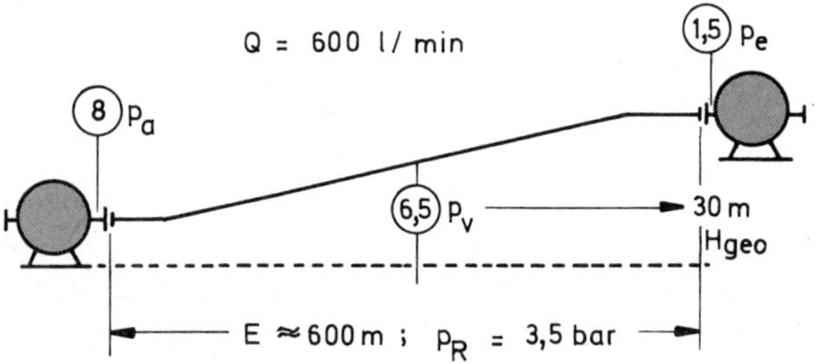

4.2 Die Ablesemethode

Bei der Ablesemethode können wir, anstatt selbst zu rechnen, die bereits ausgerechneten Werte einer Ablesetafel entnehmen. Die Angaben beziehen sich auf die Werte für Wasserförderung in B-Schläuchen.

Warum sind auf der Ablesetafel die Werte für B-Schläuche enthalten?

1. Weil in der Praxis andere Schläuche (rohe B-Schläuche, C 52 und C 42) für die Löschwasserförderung keine Rolle spielen.
2. Da die Erhöhung des Förderstromes z. B. um das Doppelte eine **Verkürzung** der möglichen **Förderstrecke** auf ein **Viertel** der ursprünglichen Länge bewirkt, lassen sich **ausreichende Wassermengen** über **größere Entfernungen** rationell nur in B-Schläuchen fördern.

Die Ablesetafel (siehe Beilage)

Die Ablesetafel enthält in der oberen **waagerechten Reihe** fett gedruckt die Angaben des Förderstroms in l/min von 400, 500, 600 usw. bis 1200. In **senkrechten Reihen** unter der Angabe des Förderstroms sind abgerundet die jeweiligen Werte für die **Schlauchstrecken in Metern** angegeben. Die beiden **Randleisten** enthalten, ebenfalls fett gedruckt, die Werte für den **Reibungsverlust** in bar.
Sind z. B. für den Reibungsverlust 2 bar verfügbar, gehen wir auf die 2 in der linken Randliste und lesen auf gleicher Höhe ab:
In der Rubrik für den Förderstrom 400 den Wert für die Förderstrecke = **660 m,** in der Rubrik für 500 l/min = **500 m,** bei 600 l/min = **320 m** usf. (Siehe Abb. Seite 40).
Ändert sich der für den Reibungsverlust verfügbare Druck, muß in der Randleiste der entsprechende Wert gewählt werden. Beträgt der für **Reibungsverlust** verfügbare Druck z. B. 5 bar und sollen 500 l/min gefördert werden, so gehen wir auf der Rand-

leiste auf (5), von da aus waagerecht weiter in die Rubrik für [500] l/min und lesen die Schlauchstrecke = **1240 m** einfach ab.

p_v in bar 0	400	Förderstrom Q in l/min 500	 600
0,5 1 1,5 (2)	↓ 660	↓ 500 E in Metern	↓ 320

Praktische Anwendung der Ablesemethode

Auch bei der Bestimmung einer Förderstrecke nach der Ablesemethode müssen die Förderdaten bekannt sein. Die Angabe über die Art der Förderleitung erübrigt sich, da die Ablesetafel nur für gummierte B-Schläuche gilt.

Beispiel: Strahlrohrstrecke ohne Höhenunterschied.
Förderdaten: $p_a = 8$ bar, $Q = 600$ l/min,
$p_{Str} = 5$ bar.
Ausgangsdruck abzüglich Strahlrohrdruck ergibt den verfügbaren Druck:
$p_v = p_a - p_{Str} = 8 - 5 =$ **3 bar**
Der verfügbare Druck von 3 bar ist in diesem Falle in voller Höhe für **Reibungsverlust** verfügbar, da keine Höhenzunahme berücksichtigt werden muß.
Ableseergebnis: **E = 500 m**

Beispiel: Strahlrohrstrecke mit Höhenzunahme
Förderdaten: $p_a = 8$ bar, $Q = 800$ l/min,
$p_{Str} = 5$ bar, $H_{geo} = 20$ m : 10 = 2 bar
$p_v = p_a - p_{Str} = 8 - 5 =$ **3 bar**
Der verfügbare Druck von 3 bar muß jetzt den Reibungsverlust

und die Höhenzunahme abdecken. Von den 3 bar müssen demnach 2 bar für H_{geo} abgezogen werden. Für Reibungsverlust verbleiben somit 1 bar.
Ableseergebnis E = 100 m.

Beispiel: Teilstrecke ohne Höhenzunahme
Förderdaten: $p_a = 8$ bar, $Q = 1000$ l/min,
$p_e = 1$ bar.
$p_v = p_a - p_e = 8 - 1 = \mathbf{7\ bar}$
7 bar sind in voller Höhe für p_R verfügbar.
Ableseergebnis: **E = 500 m**

Beispiel: Teilstrecke mit Höhenzunahme
Förderdaten: $p_a = 8$ bar, $Q = 700$ l/min
$p_e = 1{,}5$ bar, $H_{geo} = 40\ m : 10 = 4$ bar
$p_v = p_a - p_e = 8 - 1{,}5 = \mathbf{6{,}5\ bar}$
Verfügbarer Druck = 6,5 bar, abzüglich 4 bar für Höhenzunahme = 2,5 bar. 2,5 bar stehen für Reibungsverlust zur Verfügung.
Ableseergebnis: **E = 300 m**

Wieviel Druck wird unter gegebenen Verhältnissen für eine bestimmte Entfernung benötigt?

Bei der Wasserförderung stellt sich nicht nur die Frage nach der **Länge** der Förderstrecke, sondern auch **umgekehrt** nach dem benötigten Druck, wenn die Entfernung bekannt ist.
Die Antwort darauf finden wir ebenfalls durch Rechnen mit der Formel oder mit Hilfe der Ablesetafel.
Wir berechnen die **Förderstrecke,** in dem wir den verfügbaren Druck (p_v) durch den Reibungsverlust (p_R) teilen und das Ergebnis mit **100 mal** nehmen. Z. B.:

$$E = \frac{p_v}{p_R} \cdot 100\ m = \frac{6{,}5}{1} \cdot 100 = \mathbf{650\ m}$$

Umgekehrt erhalten wir den **verfügbaren Druck** (p_v), wenn wir die Förderstrecke (E) durch 100 teilen und mit dem **Reibungsverlust** (p_R) **mal** nehmen. Z. B.:

$$\text{Verfügb. Druck } (p_v) = \frac{\text{Förderstr.} \cdot \text{Reibungsverlust}}{100} \text{ bar}$$

Formel:

$$p_v = \frac{E \cdot p_R}{100} \text{ (bar)} = \frac{500 \cdot 1{,}2}{100} = \mathbf{6\ bar}$$

Vorstehendes Beispiel bezieht sich auf die Förderung in ebenem Gelände. Bei Höhenunterschied muß der Wert für Höhenzunahme **zugezählt**, für Höhenabnahme **abgezogen** werden. Zählen wir dem so ermittelten Wert nun noch den am Ende der Leitung benötigten Strahlrohrdruck (p_{Str}) bzw. Eingangsdruck (p_e) zu, erhalten wir den Ausgangsdruck (p_a), mit dem an der Pumpe gefahren werden muß.

Wie können wir den benötigen Druck auch ohne Formel ausrechnen?

Wir zählen die einzelnen Werte zusammen und erhalten so den benötigten Druck.

Beispiel: Strahlrohrstrecke mit Höhenzunahme

Förderdaten:	Q	= 600 l/min,	B-Schlauch
	E	= 200 m	H_{geo} = 16 m : 10 = 1,6 bar,
	p_{Str}	= 5 bar	

Reibungsverlust je 100 m B-Schlauch	= 0,6 bar
bei E = 200 m = 2 · 0,6	= 1,2 bar
Verlust durch H_{geo}	= +1,6 bar
ergibt verfügbaren Druck (p_v)	= 2,8 bar
zusätzlich Strahlrohrdruck (p_{Str})	= +5,0 bar
ergibt Ausgangsdruck (p_a)	= 7,8 bar

An der Pumpe muß in diesem Falle mit einem Ausgangsdruck von 7,8 bar = **rund 8 bar** gefahren werden.

Beispiel: Teilstrecke mit Höhenzunahme.

Förderdaten: Q = 900 l/min, B-Schlauch,
E = 300 m, H_{geo} = 8 m : 10 = 0,8 bar,
p_e = 1,5 bar

Reibungsverlust = 3 · 1,2	= 3,6 bar
Verlust durch H_{geo}	= +0,8 bar
ergibt verfügbaren Druck	= 4,4 bar
zusätzlich Eingangsdruck	= +1,5 bar
ergibt Ausgangsdruck	= 5,9 bar

p_a an der Pumpe = **rund 6 bar.**

Wie ermitteln wir den benötigten Druck auf der Ablesetafel?

Wir suchen in der Rubrik für den gewählten Förderstrom den angegebenen Entfernungswert auf und lesen in **gleicher Höhe** auf einer der beiden Randleisten den für den **Reibungsverlust** benötigten Druck ab.

Beispiel: Förderstrom = 600 l/min
Förderstrecke = 320 m

0	400	500	600
0,5			↓
1			↓
1,5			↓
2	←	←	320

Der für den **Reibungsverlust** benötigte Druck = **2 bar.**
Je nach Geländeverhältnissen und Verwendungszweck der Pumpe müssen noch die Werte für H_{geo} und p_{Str} bzw. p_e eingesetzt werden.

Beispiel: Förderstrecke mit Höhenzunahme

Förderdaten: Q = 800 l/min, p_e = 1,5 bar,
E = 240 m, H_{geo} = 40 m : 10 = 4 bar

Ableseergebnis:	
p_a bei 800 l/min für 240 m	= 2,5 bar
Verlust durch H_{geo}	= +4,0 bar
ergibt verfügbaren Druck	= 6,5 bar
zusätzlich für p_e	= +1,5 bar
Ausgangsdruck an der Pumpe:	= 8,0 bar

4.3 Faustformel

Die Verbesserung des Schlauchmaterials in den letzten Jahren hat dazu geführt, das die Reibungsverlustzahlen ständig niedriger wurden und heute z. T. erheblich unter den nach DIN 14811 geforderten Mindestwerten liegen. Damit ist es möglich geworden, die Reibungsverlustzahl für den zur Wasserförderung gebräuchlichsten B-Schlauch mit **1 bar je 100 m** Schlauchstrecke bei einem Förderstrom von 800 l/min anzusetzen.

Was können wir hieraus folgern?

1. Der Förderstrom 800 l/min ist ausreichend für eine Vielzahl von Strahlrohrkombinationen.
2. der Förderstrom 800 l/min läßt sich in **B-Schläuchen** rationell fördern.
3. Die **Reibungsverlustzahl 1** (1 bar/100 m/800 l/min) ist eine griffige Zahl, die das Rechnen mit der Faustformel zum Kinderspiel macht.

Wie lautet die Faustformel?

1. Formel allgemein:

   Ausgangsdruck mal Hundert ergibt Strecke in Metern

   $$p_a \cdot 100 = E\ (m)$$

2. Formel mit Höhendifferenz:
   Ausgangsdruck plus/minus (Höhendifferenz geteilt durch 10) mal Hundert ergibt Strecke in Metern.
   $$p_a \pm (H_{geo} : 10) \cdot 100 = E\ (m)$$
3. Formel für Teil- oder Strahlrohrstrecke:
   Ausgangsdruck minus Eingangsdruck oder Strahlrohrdruck mal Hundert ergibt Strecke in Metern.
   $$p_a - (p_{Str} \text{ oder } p_e) \cdot 100 = E\ (m)$$
4. Formel für Teil- oder Strahlrohrstrecke mit Höhendifferenz:
   Ausgangsdruck plus/minus Höhendifferenz, minus Strahlrohrdruck oder Eingangsdruck mal Hundert ergibt Strecke in Metern.
   $$p_a \pm (H_{geo} : 10) - (p_{Str} \text{ oder } p_e) \cdot 100 = E\ (m)$$

Das liest sich kompliziert, ist aber, wie am Beispiel zu sehen, äußerst einfach:

Beispiel:

Förderdaten:	Ausgangsdruck	= 8 bar
	Höhenverlust	= 20 m : 10 = 2 bar
	Eingangsdruck	= 1,5 bar
	Strecke in m	= ?
$p_a - (H_{geo} : 10) - p_e \cdot 100$		= E
$8 - 2 = 6 - 1{,}5 = 4{,}5 \cdot 100$		= **450 m**

Die Teilstrecke von Pumpe zu Pumpe wird bei 20 m Steigung und Q = 800 l/min also 450 Meter lang.

5. Löschwasserförderung über lange Strecken

Ist die Entfernung Wasserentnahmestelle – Brandstelle so groß, daß der Druck einer Pumpe zur Deckung des Verbrauchs nicht ausreicht, müssen weitere Pumpen zur Druckverstärkung hintereinandergeschaltet werden.
Wir bezeichnen diese Hintereinanderschaltung mehrerer Pumpen als „Reihenschaltung“ oder als **„Löschwasserförderung über lange Strecken“.**

Welche grundsätzlichen Fragen ergeben sich beim Aufbau einer langen Strecke?
1. **Wieviele** Pumpen brauchen wir?
2. **Wie groß ist der Abstand** zwischen den Pumpen?

5.1 Anzahl der benötigten Pumpen

Soll für die Förderstrecke die Anzahl der erforderlichen Pumpen ermittelt werden, müssen wir zuerst feststellen, wieviel Druck wir benötigen. Dabei gehen wir davon aus, daß dem Druckverbrauch auf der Verbraucherseite ein entsprechender Druck auf der Erzeugerseite gegenüberstehen muß. Der benötigte Gesamtdruck ist also ebenso groß wie der Druckverbrauch der Gesamtstrecke. Die Überlegungen, die wir anstellen müssen, sind bei der langen Strecke grundsätzlich die gleichen wie bei der einfachen Strecke, mit dem Unterschied, daß bei der langen Strecke mehrere Pumpen den erforderlichen Druck aufbringen.

Der benötigte Gesamtdruck

Den benötigten Gesamtdruck erhalten wir, indem wir den

Gesamtdruckverbrauch ermitteln. Dazu müssen folgende Werte bekannt sein:

1. Förderstrom (Q)	z. B.	1000 l/min
2. Entfernung (E)	z. B.	640 m
3. Höhenunterschied (H_{geo})	z. B. + 60 m : 10 =	6 bar
4. Strahlrohrdruck (p_{Str})	z. B.	5 bar

Mit Hilfe dieser Werte können wir den Gesamtdruckverbrauch feststellen. Wir verbrauchen:

1. Für Druckverlust infolge Reibungswiderstand in der Schlauchleitung (p_R) laut Ablesetafel* für 1000 l/min bei 640 m Schlauchstrecke: 9 bar
2. Für Druckverlust infolge Höhenzunahme (H_{geo}) von 60 m: 6 bar
3. Für den Druckbedarf am Strahlrohr (p_{Str}): + 5 bar

Gesamtdruckverbrauch: 20 bar

Der benötigte Gesamtdruck muß dem Gesamtdruckverbrauch entsprechen;
folglich benötigter Gesamtdruck: **= 20 bar**

Da der benötigte Gesamtdruck von 20 bar nicht von einer Pumpe allein aufgebracht werden kann, muß er von mehreren Pumpen erzeugt werden.

Wieviel Pumpen sind erforderlich?

Für **überschlägige** Berechnungen genügt es, wenn wir den benötigten Gesamtdruck durch den verfügbaren Druck **einer** Pumpe teilen. Das Ergebnis ist die Anzahl der erforderlichen Pumpen.

Faustformel: $$\frac{\text{Benötigter Gesamtdruck}}{\text{verfügbarer Druck einer FP}}$$

* Werden andere als B-Schläuche verwendet, muß der Reibungsverlust nach der Formel berechnet werden.

Z. B. Gesamtdruck 20 bar : p_v 6,5 bar =
= 20 : 6,5 = **rund 3 Pumpen**

Zur **genauen** Bestimmung der Anzahl der Pumpen genügt die Faustformel jedoch nicht. Wir müssen unterscheiden zwischen dem nutzbaren Druck der Brandstellenpumpe und dem nutzbaren Druck der übrigen Pumpen.

Wie hoch ist der nutzbare Druck der verschiedenen Pumpen?

1. **Brandstellenpumpe**
   Der Ausgangsdruck (p_a) der Brandstellenpumpe wird verwendet für Strahlrohrdruck (p_{Str}) und verfügbaren Druck (p_v). Da die Brandstellenpumpe die letzte Pumpe in der Schaltreihe ist, brauchen wir keinen Eingangsdruck (p_e) für die nächste Pumpe zu berücksichtigen.
   Somit ist der **Ausgangsdruck** (p_a) **der Brandstellenpumpe in voller Höhe nutzbar** und kann ganz auf den benötigten Druck angerechnet werden.
2. **Übrige Pumpen**
   Bei allen übrigen Pumpen in einer Schaltreihe muß der Eingangsdruck (p_e) für die nächste Pumpe berücksichtigt werden. Der Ausgangsdruck (p_a) dieser Pumpe ist **nicht in voller** Höhe nutzbar, sondern **vermindert** sich um den **Eingangsdruck** (p_e). Daher kann **nur** der jeweils **verfügbare Druck** (p_v) auf den benötigten Druck angerechnet werden.

Deshalb ermitteln wir die genau Anzahl der Pumpen wie folgt:

1. Von dem **benötigten Gesamtdruck ziehen wir** zuerst den **Ausgangsdruck der Brandstellenpumpe ab.**
   Ergibt = **eine Pumpe.**

2. Den verbleibenden **Druckrest teilen** wir **durch den verfügbaren Druck einer Pumpe.**
   Ergibt = **Anzahl** der für den **Druckrest erforderlichen Pumpen.**

3. Wir **zählen zusammen** und erhalten die **Gesamtzahl der benötigten Pumpen,**

z. B.

Benötigter Gesamtdruck	20 bar
abzüglich Ausgangsdruck der Brandstellenpumpe	– 8 bar
verbleibt Druckrest:	12 bar

12 bar geteilt durch den verfügbaren Druck einer Pumpe, z. B. 6 bar = 12 : 6 = 2 Pumpen
+ 1 Brandstellenpumpe

ergibt: **3 Pumpen**

Es werden insgesamt 3 Pumpen benötigt.

Für die Brandstellenpumpe ist der Ausgangsdruck (p_a) schon mit 8 bar festgelegt worden. Der Ausgangsdruck für die übrigen beiden Pumpen muß noch bestimmt werden. Dabei ist der Eingangsdruck zu berücksichtigen, da der Förderstrom von der ersten Pumpe in die zweite Pumpe und von dieser in die Brandstellenpumpe eingespeist wird. Der verfügbare Druck, in unserem Beispiel 6 bar bei der ersten und zweiten Pumpe, muß um den Eingangsdruck erhöht werden. Damit erhalten wir den Ausgangsdruck für die ersten beiden Pumpen. Nehmen wir den Eingangsdruck mit 1,5 bar an, so ergibt sich folgendes Bild:

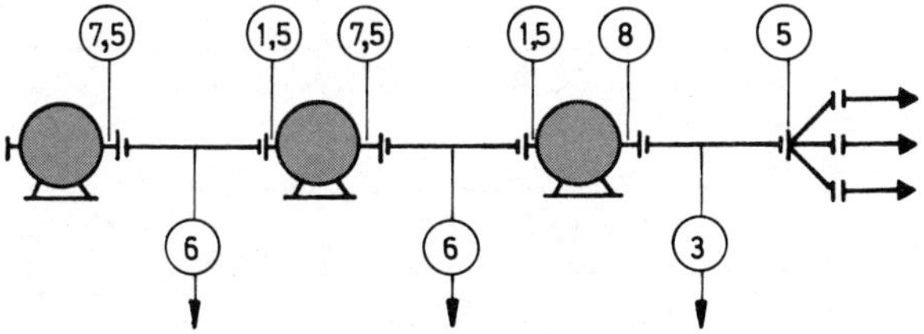

p_a für die ersten beiden Pumpen ist	7,5 bar
abzüglich p_e = 1,5 bar für die beiden nächsten Pumpen	– 1,5 bar
ergibt p_v = nutzbarer Druck	= 6 bar
p_a für die Brandstellenpumpe = 8 bar ohne Abzug für p_e = nutzbarer Druck	= 8 bar

Sind die Ausgangsdrücke für das vorhandene Schlauchmaterial zu hoch angesetzt, gibt es drei Möglichkeiten der Abhilfe:

1. Bei der Bestimmung der Anzahl der Pumpen werden niedrigere Werte eingesetzt. Der benötigte Gesamtdruck ändert sich nicht.
   Folge: Wir benötigen mehr Pumpen.
2. Der Förderstrom wird verringert. Dadurch verringert sich auch der Reibungsverlust. Der benötigte Gesamtdruck wird kleiner.
   Folge: Wir erhalten weniger Wasser an der Brandstelle.
3. Es wird parallel zur ersten Schlauchleitung eine zweite Leitung verlegt. Der Förderstrom verteilt sich auf zwei Leitungen, der Reibungsverlust wird somit verrringert. Der benötigte Gesamtdruck wird kleiner.
   Folge: Wir brauchen die doppelte Anzahl von Schläuchen.

Auf die gleiche Weise läßt sich, gutes Schlauchmaterial vorausgesetzt, der Förderstrom verdoppeln, wenn entsprechend starke Pumpen eingesetzt werden. Jedoch soll der Förderstrom in einer B-Leitung 1000 l/min nicht übersteigen.

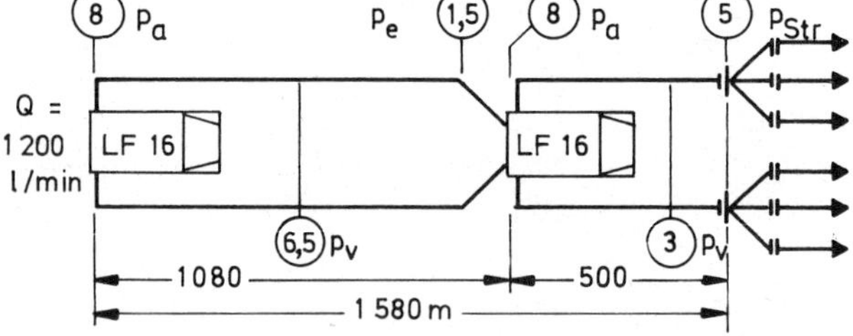

5.2 Abstände der Pumpen

Der Abstand der einzelnen Pumpen richtet sich, unter sonst gleichen Voraussetzungen, nach den Geländeverhältnissen. Er wird bestimmt durch das Geländeprofil, d. h. die jeweilige Höhenzunahme oder -abnahme in der Förderstrecke.
In **ebenem Gelände** haben wir nur Reibungsverlust und erhalten deswegen zwischen den einzelnen Pumpen **gleichgroße Abstände.**
In **Gelände mit Höhenunterschieden** werden die **Abstände** durch Höhenzunahme oder -abnahme **ungleich.** Deshalb müssen die Abstände für jede Pumpe einzeln ermittelt werden.

Wie ermitteln wir die Pumpenabstände?

Diese Frage haben wir bei der einfachen Förderstrecke für die Teilstrecke und die Strahlrohrstrecke schon einmal behandelt. Da sich eine lange Strecke aus mehreren Teilstrecken und einer Strahlrohrstrecke zusammensetzt, können wir entsprechend verfahren.

Wir legen also zunächst die Förderdaten fest:
Z. B.

Förderstrom (Q)	800 l/min
Förderstrecke (E)	1200 m
Förderleitung	B-Schlauch
Höhenzunahme (H_{geo}) 40 m : 10	= 4 bar
Ausgangsdruck (p_a)	8 bar
Strahlrohrdruck (p_{Str})	5 bar
Eingangsdruck (p_e)	1,5 bar

Benötigter Gesamtdruck:

Für Reibungsverlust bei Q bei 1200 m Förderstrecke	= 800 l/min

laut Ablesetafel*	= 12 bar
Für Höhenzunahme	= 4 bar
Für Strahlrohrdruck	= + 5 bar
Benötigter Gesamtdruck	= 21 bar
Abzüglich Ausgangsdruck der Brandstellenpumpe	= – 8 bar
Verbleibender Druckrest	= **13 bar**

13 bar geteilt durch den verfügbaren Druck einer Pumpe =
= (p_a 8 bar – p_e 1,5 bar = p_v 6,5 bar):
= 13 : 6,5 = 2 Pumpen
+ 1 Brandstellenpumpe

Benötigt werden: **3 Pumpen**

Damit wissen wir, daß wir für die Gesamtstrecke 3 Pumpen brauchen. Die Abstände der Pumpen richten sich nach der Höhenzunahme in den Teilstrecken. Die Höhenzunahme für die ganze Strecke bertägt 40 m. Nehmen wir an, daß das Gelände im ersten Teil der Strecke 25 m, im zweiten Teil 15 m steigt und im letzten Teil eben verläuft, dann bestimmen wir die Teilstrekke wie folgt:

Abstand 1. Pumpe zur 2. Pumpe

Ausgangsdruck der 1. Pumpe	8 bar
abzügl. Eingangsdruck für 2. Pumpe	– 1,5 bar
Verfügbarer Druck:	6,5 bar
Abzügl. für Höhenzunahme in der ersten Teilstrecke	– 2,5 bar
Verbleiben für Reibungsverlust	4 bar

* Ist der benötigte Druck oder die gesuchte Entfernung größer als die in der Tafel aufgeführten Werte, suchen wir günstige Teilwerte und zählen zusammen. Z. B. 1200 = 600 + 600. Der Reibungsverlust für 600 m beträgt 6 bar, folglich sind 6 + 6 = 12 bar für 1200 m erforderlich.

4 bar entsprechen laut Ablesetafel dem Reibungsverlust für eine Entfernung von 400 m bei 800 l/min.
Die erste Teilstrecke wird somit 400 m lang.

Abstand 2. Pumpe zur 3. Pumpe.
Auch hier muß vom Ausgangsdruck der 2. Pumpe der Eingangsdruck für die 3. Pumpe abgezogen werden. Für die 2. Teilstrecke beträgt der

Verfügbare Druck	6,5 bar
Abzügl. Höhenzunahme in der 2. Teilstrecke	− 1,5 bar
Verbleiben für Reibungsverlust	5 bar

Ableseergebnis: Bei 800 l/min und 5 bar für Reibungsverlust E = 500 m.
Die 2. Teilstrecke wird 500 m lang.

Abstand 3. Pumpe bis zum Verteiler.
Die 3. Pumpe ist die Brandstellenpumpe. Vom Ausgangsdruck der Brandstellenpumpe wird kein Eingangsdruck mehr abgezogen. Stattdessen muß der Strahlrohrdruck berücksichtigt werden.
p_a = 8 bar abzügl. p_{Str} 5 bar ergibt p_v = 3 bar.
Da das Gelände nunmehr eben verläuft, steht der verfügbare

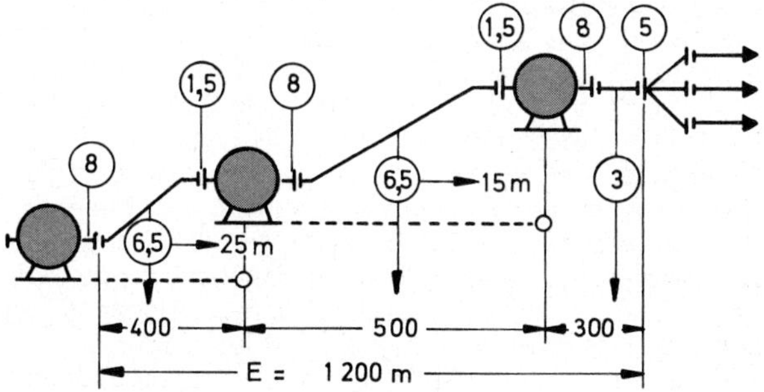

Druck von 3 bar voll zur Deckung des Druckverlustes aus Reibungswiderstand zur Verfügung.
Die Ablesung ergibt: E = 300 m.
Die Strahlrohrstrecke wird 300 m lang.

Am Ende der langen Strecke stehen am Verteiler 800 l/min mit 5 bar zur Verfügung.

5.2.1 Abstände der Pumpen in unbekanntem Gelände

Bis jetzt haben wir die Höhenzunahme in den einzelnen Teilstrecken als bekannt vorausgesetzt. Ist die Höhenzunahme im voraus nicht bekannt, müssen wir sie unmittelbar beim Aufbau der Förderstrecke mit dem Höhenmesser ermitteln. Die Abstände der Pumpen werden in diesem Falle mit der Ablesetafel und der dazu gehörigen Schiebeleiste bestimmt.

Wie arbeiten wir mit der Schiebeleiste?

Die Schiebeleiste enthält die Werte für die verschiedenen Drücke in bar. Für den Ausgangsdruck in Normalfällen ist die Zahl 8 mit einem Kreis markiert. Ein Pfeil neben der Zahl ⟵ 6,5 bezeichnet den verfügbaren Druck nach Abzug eines Eingangsdruckes von 1,5 bar (8 − 1,5 = 6,5). Ein zweiter Pfeil neben der Zahl ⟵ 3 bezeichnet den verfügbaren Druck für eine Brandstellenpumpe nach Abzug des Strahlrohrdruckes von 5 bar (8 − 5 = 3). Der dritte Pfeil neben der Ziffer ⟵ 0 bezeichnet den Punkt, an dem der verfügbare Druck aufgezehrt ist. Die Schiebeleiste legen wir so an die Rubrik des gewählten Förderstromes an, daß der erste Pfeil auf den Förderstrom zeigt. Z. B. Q = | 800 | ⟵ 6,5 | . Der letzte Pfeil zeigt jetzt an, nach wieviel Metern Schlauchstrecke der verfügbare Druck von 6,5 bar durch den Reibungswiderstand aufgezehrt ist. Z. B. | 640 | ⟵ 0 | bei Q = 800 l/min.
Da bei einer Brandstellenpumpe der verfügbare Druck im

Normalfall nur 3 bar beträgt, muß der Pfeil neben der Zahl 3 an den gewählten Förderstrom angelegt werden, z. B. Q = | 600 | ← 3 | . Der Pfeil neben der 0 zeigt an, daß nun der verfügbare Druck von 3 bar nach 500 m durch Reibung aufgezehrt ist, z. B. | 500 | ← 0 | bei Q = 600 l/min. Wir müssen also, ausgehend von dem verfügbaren Druck, den Pfeil auf den gewählten Förderstrom stellen und neben dem Null-Pfeil die Entfernung ablesen. Die Hilfsmarkierungen gelten für die normalen Betriebsbedingungen. Selbstverständlich können auch andere Drücke gewählt werden.

Bei **Höhenunterschieden** verringert oder erhöht sich der verfügbare Druck um den Wert der jeweiligen Höhendifferenz. Dementsprechend **schieben** wir die **Schiebeleiste** bei **Höhenzunahme** nach **oben,** bei **Höhenabnahme** nach **unten.**

Steigt z. B. das Gelände um 10 m an, schieben wir die Leiste um den Wert für 1 bar höher. Fällt das Gelände um 10 m, schieben wir die Leiste um den Wert von 1 bar tiefer. Durch den Null-Pfeil wird dann die jeweilige Verkürzung bzw. Verlängerung der Strecke angezeigt. In unbekanntem Gelände können wir auf diese Weise feststellen, nach welcher Entfernung der verfügbare Druck durch Reibung **und** Höhenzunahme aufgezehrt ist.

Beispiel: Wir nehmen die gleichen Förderdaten an wie zuvor, jedoch mit unterschiedlichem, uns vorläufig unbekanntem Streckenprofil.

Abstand 1. Pumpe zur 2. Pumpe

Verfügbarer Druck 6,5 bar, Q = 800 l/min.

Wir stellen den Pfeil neben der 6,5 der Schiebeleiste auf Q = 800 l/min und gehen mit Höhenmesser in Richtung Brandstelle. Der Null-Pfeil steht auf 640 m. Die Strecke könnte in der Ebene 640 m lang werden. Nach 120 m Schlauchstrecke zeigt der Höhenmesser eine Höhenzunahme von 5 m an. Wir schieben die Leiste um 0,5 bar nach oben. Der Null-Pfeil steht auf | 600 | ← 0 | . Würde die Strecke von jetzt ab eben verlaufen, könnten wir noch 480 m weiter gehen. Die Strecke würde 600 m lang werden (120 + 480 = 600 m). Das Gelände steigt jedoch weiter an. Nach **200** m Schlauchstrecke zeigt der Höhenmesser wieder 5 m Höhenzunahme an. Die Schiebeleiste wird wieder um 0,5 bar nach oben geschoben. Der Null-Pfeil zeigt auf | 540 | ← 0 | . Bei ebenem Gelände könnten wir jetzt, da wir bei 200 m sind, noch 340 m weiter gehen. Die Strecke würde 540 m lang. Nach **340** m Schlauchstrecke zeigt der Höhenmesser wieder 5 m Höhenzunahme an. Die Schiebeleiste wird nochmals um 0,5 bar nach oben gerückt. Der Null-Pfeil zeigt nun auf | 500 | ← 0 | . Da die Strecke zunächst eben verläuft, gehen wir um 160 m weiter vor (340 + 160 = 500). Nach 500 m Schlauchstrecke ist der verfügbare Druck durch Reibung **und** Höhenzunahme aufgebraucht. Hier muß die nächste Pumpe aufgestellt werden. Der Eingangsdruck für diese Pumpe beträgt 1,5 bar, da nur der verfügbare Druck verbraucht wurde. **Die erste Teilstrecke wird somit 500 m lang.**

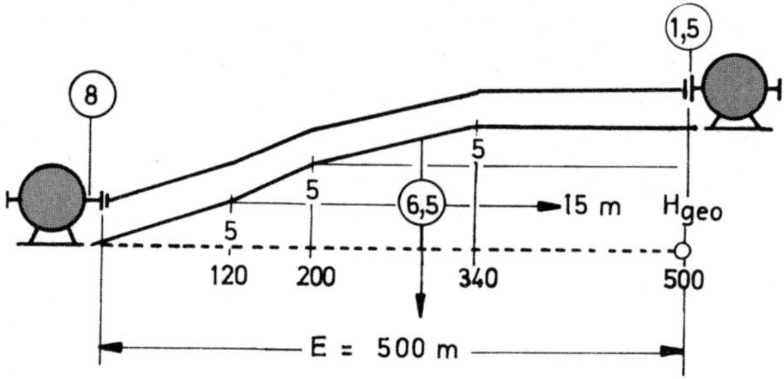

Abstand 2. Pumpe zur 3. Pumpe

Von dem Ausgangsdruck der 2. Pumpe sind ebenfalls 6,5 bar verfügbarer Druck. Die Schiebeleiste wird eingestellt:

| 800 | ←6,5 | . Wir gehen weiter in Richtung Brandstelle. Das Gelände steigt stetig; der Höhenmesser zeigt nach **160** m Schlauchstrecke eine Höhenzunahme von 10 m an. Wir schieben die Leiste um 1 bar nach oben. Der Null-Pfeil steht jetzt auf | 540 | ← 0 | . Wir könnten bei ebener Strecke jetzt noch um 380 m weiter gehen. Die Strecke würde 540 m lang werden (160 + 380 = 540). Das Gelände steigt jedoch allmählich weiter an. Nach **440** m Schlauchstrecke zeigt der Höhenmesser wieder eine Höhenzunahme um 10 m an. Wir schieben die Leiste um 1 bar höher. Der Null-Pfeil steht jetzt genau auf | 440 | ← 0 | . Da wir gerade bei 440 m angelangt sind, dürfen wir jetzt nicht mehr weiter gehen. Der verfügbare Druck ist aufgebraucht. Der Aufstellungsort für die 3. Pumpe ist erreicht.

Die 2. Teilstrecke wird 440 m lang.

Abstand 3. Pumpe bis zum Verteiler.

Die 3. Pumpe ist die Brandstellenpumpe. Statt des Eingangsdruckes muß der Strahlrohrdruck berücksichtigt werden. Der verfügbare Druck beträgt nur 3 bar; entsprechend muß die Schiebeleiste eingestellt werden: | 800 | ← 3 | . Der Null-Pfeil steht auf | 300 | ← 0 | . Das Gelände steigt leicht an. Nach 120 m zeigt der Höhenmesser 5 m Höhenzunahme an. Wir schieben die Leiste um 0,5 bar nach oben. Der Null-Pfeil steht jetzt auf | 240 | ← 0 | . Da das Gelände nunmehr eben verläuft, können wir noch 120 m weiter vor gehen (120 + 120 = 240). Damit haben wir die Brandstelle erreicht. Der Verteiler muß ab Brandstellenpumpe nach 240 m Schlauchstrecke gesetzt werden. Der verfügbare Druck ist aufgezehrt. Nicht verbraucht ist der Strahlrohrdruck, da nur mit dem verfügbaren Druck gearbeitet wurde. Am Verteiler stehen uns jetzt 800 l/min mit 5 bar zur Vefügung.

Die Strahlrohrstrecke wird 240 m lang.

5.3 Das zeichnerische Verfahren

Bei diesem Verfahren erhält man die Abstände der Pumpen auf zeichnerischem Wege. Es eignet sich besonders zur Aufstellung von Einsatzplänen und ist bei sorgfältiger Arbeitssweise das genaueste Verfahren.

Durchführung:
Auf einem Bogen Millimeterpapier zeichnet man ein **rechtwinkliges Achsenkreuz.** Die **waagerechte Achse** stellt die **Schlauchstrecke** dar. Sie wird in Einheiten zu je 100 m eingeteilt. Die **senkrechte Achse** bedeutet den Druck. Sie wird in Einheiten zu je 1 bar eingeteilt. Da 10 m Höhenunterschied dem Druckverlust bzw. -gewinn von 1 bar entsprechen, **dient** die **senkrechte Achse gleichzeitig** zur **Darstellung der Geländehöhe.** In das Achsenkreuz zeichnet man die **Druckabfalllinien** ein.

Was ist eine Druckabfallinie?
Die Druckabfallinie stellt die Abnahme des verfügbaren Druckes durch den Reibungsverlust (p_R) **in der Ebene dar.** Sie **beginnt** auf der **senkrechten Achse** an dem Punkt des jeweils verfügbaren Druckes. Sie **endet** auf der **waagerechten Achse** an dem Punkt der Schlauchstrecke, an welchem in der Ebene der Druck durch den Reibungsverlust aufgezehrt ist.

Der **Verlauf der Druckabfallinie** hängt ab:
1. Von dem verfügbaren Druck (p_V)
2. Von dem Reibungsverlust (p_R), der sich aus der Fördermenge Q und der Art des Schlauchmaterials ergibt (s. Abb. S. 59 oben).

Je nach **Anzahl** der **benötigten Verstärkerpumpen** müssen **parallel** zu der eingezeichneten Druckabfallinie **weitere Linien** gezogen werden. Der Abstand der Parallelen untereinander ergibt sich aus der Schlauchstrecke der ersten Druckabfallinie.

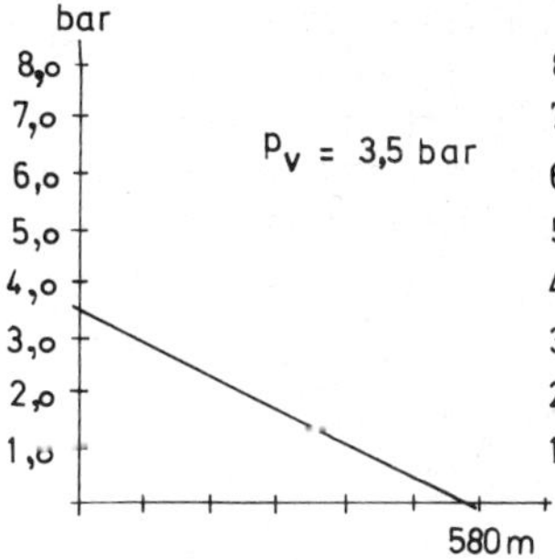

p_R = 0,6 bar/100 m
Q = 600 l/min
B-Schlauch

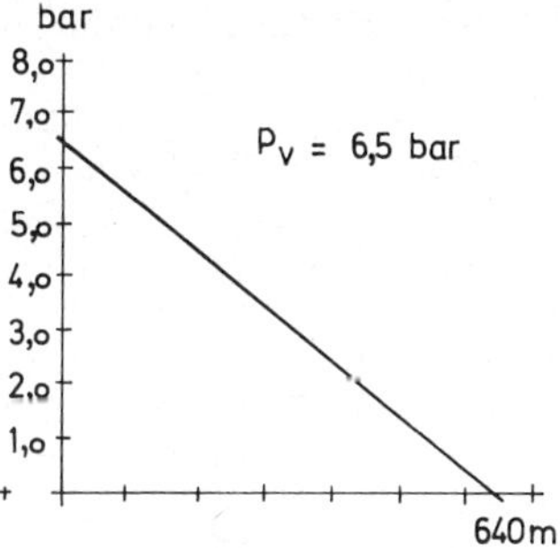

p_R = 1 bar/100 m
Q = 800 l/min
B-Schlauch

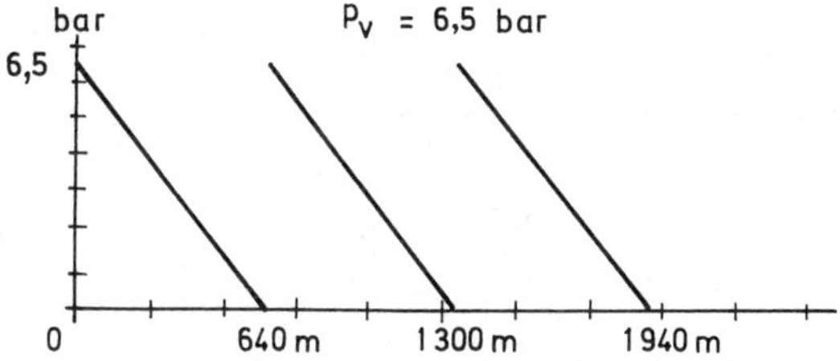

p_R = 1 bar/100 m ; Q = 800 l/min ; B – Schlauch

Z. B.: In der Zeichnung stellt nun der Schnittpunkt des Achsenkreuzes den Aufstellungsort der 1. Pumpe an der Wasserentnahmestelle dar. Die **Aufstellungspunkte** der **weiteren Pumpen ergeben sich aus den Schnittpunkten der Druckabfalllinien mit dem Geländeprofil.** Das Geländeprofil läßt sich mit dem Höhenmesser ermitteln oder aus kartographischen Unterlagen entnehmen.

Wie wird das Geländeprofil eingezeichnet?

Ausgehend von dem Schnittpunkt des Achsenkreuzes wird jede Stelle der Schlauchstrecke, an der sich die Höhe ändert, in der Zeichnung eingetragen. Danach werden alle Punkte durch eine Linie verbunden. Dadurch erhalten wir das Geländeprofil für die Schlauchstrecke.
Nachdem das Geländeprofil eingezeichnet ist, können die Aufstellungspunkte für die Pumpen abgelesen werden. An den Punkten, an welchen die Linien des Geländeprofils die Druckabfallinie schneiden, müssen Verstärkerpumpen aufgestellt werden. Damit sind sowohl die Abstände der einzelnen Pumpen von der Wasserentnahmestelle, als auch die Abstände der Pumpen untereinander, bestimmt.

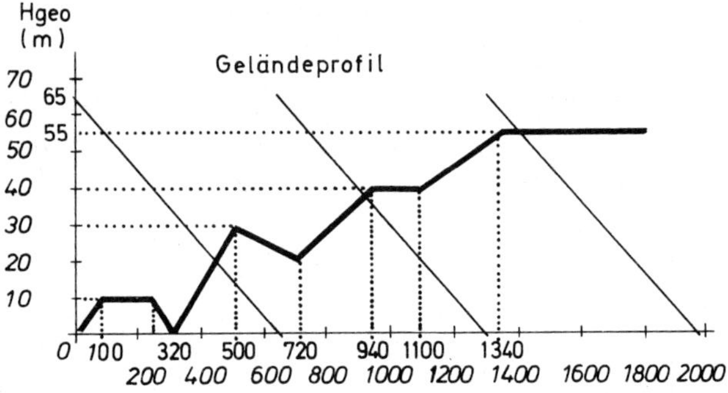

Praktische Anwendung des zeichnerischen Verfahrens

Aufgabe: Für ein einzelstehendes Gehöft auf der Höhe soll eine lange Strecke vorbereitet werden.

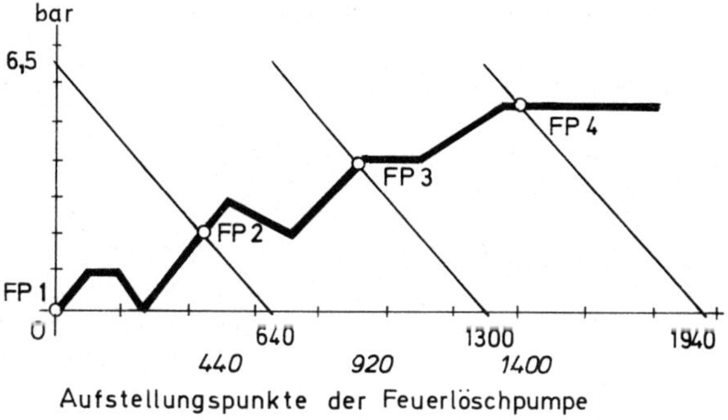

Förderdaten: Förderstrom Q = 800 l/min
Förderstrecke E = 1600 m
Förderleitung: B-Schlauch
Höhenzunahme H_{geo} = 55 m
Verfügbarer Druck p_v = 6,5 bar

1. **Druckabfallinien einzeichnen**
   Der Reibungsverlust (p_R) für 100 m B-Leitung beträgt bei einer Fördermenge (Q) von 800 l/min 1 bar. Der verfügbare Druck ist 6,5 bar. Folglich ist der verfügbare Druck nach 640 m aufgezehrt. Wir müssen also in unserem Achsenkreuz den Punkt 640 m auf der waagerechten Achse mit dem Punkt 6,5 bar der senkrechte Achse verbinden und erhalten so die erste Druckabfallinie. Die weiteren Druckabfallinien zeichnen wir ein, indem wir in gleichen Abständen durch die Punkte 1300, 1940 und 2580 Parallelen ziehen.

2. **Geländeprofil eintragen**
   Nun müssen wir das Geländeprofil ermitteln. Von der Wasserentnahmestelle aus gerechnet tragen wir folgende Punkte ein:

Höhe über Wasserentnahmestelle								
10	10	0	30	20	40	40	55	55 m
100	240	320	500	720	940	1100	1340	1400

Entfernung ab Wasserentnahmestelle

Die eingetragenen Höhenpunkte verbinden wir und erhalten das Geländeprofil.

3. **Pumpenabstände bestimmen**

Die Pumpe 1 wird an der Wasserentnahmestelle aufgestellt. Die Aufstellungspunkte der Verstärkerpumpen ergeben sich aus den Schnittpunkten der Druckabfallinien mit dem Geländeprofil:

Verstärkerpumpe	Abstand (m) von Wasserentnahme	Abstand (m) untereinander
FP 2	440	FP 1 – FP 2 = 440
FP 3	920	FP 2 – FP 3 = 480
FP 4	1400	FP 3 – FP 4 = 480

Entsprechend der Schlauchlänge der verwendeten B-Schläuche (Regel: 20 m) werden die Abstände abgerundet.

4. **Strahlrohrdruck ermitteln**

Der Druck der letzten Pumpe vor der Brandstelle, in unserem Beispiel der Pumpe 4, wird nicht vollständig für Reibungswiderstand und Höhenzunahme verbraucht. Die Förderstrecke endet, **bevor** die Linie des Geländeprofils die Druckabfallinie schneidet. Dieser für die Strecke nicht verbrauchte Restdruck steht uns als Strahlrohrdruck (p_{Str}) zur Verfügung. Wir stellen seine Höhe fest, in dem wir von der Brandstelle aus eine senkrechte Linie nach oben ziehen, bis diese die nächste Druckabfallinie schneidet.

Der Höhenunterschied zwischen Brandstelle und diesem Schnittpunkt ergibt den verbleibenden Restdruck

Zu diesem Restdruck zählen wir den Eingangsdruck, der bei der Strahlrohrstrecke eingespart wird, und erhalten den **Strahlrohrdruck.**

In unserem Beispiel:

Restdruck, aus der Zeichnung abgelesen:	= 4,5 bar
+ eingesparter Eingangsdruck:	= 1,5 bar
	= 6 bar

Strahlrohrdruck = rund 6 bar.

Soll ein niedrigerer oder höherer Strahlrohrdruck als 6 bar gefahren werden, muß der für dieses Beispiel angenommene Ausgangsdruck von 8 bar an der Brandstellenpumpe entsprechend eingestellt werden.

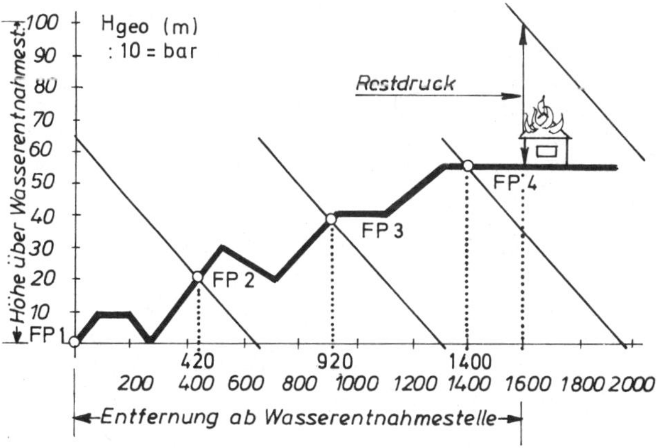

6. Allgemeine Hinweise

Bei der Vorbereitung, dem Aufbau und dem Betrieb einer „Langen Strecke“ müssen folgende Regeln beachtet werden:

1. Wasserentnahmestelle
Möglichst unerschöpfliche Wasserentnahmestelle wählen. Auf Zufahrt und Zugänglichkeit achten. Auch bei Frost Wasserentnahme sichern. Bei Wasserentnahme aus Hydranten vorhandenen Hydrantendruck zur Einsparung von Kraftspritzen ausnutzen.

2. Förderstrom
Den Förderstrom nach dem Löschwasserbedarf an der Brandstelle bestimmen. Dabei Leistungsfähigkeit von Mannschaft, Gerät und Wasserentnahmestelle beachten. Die eingesetzten Strahlrohre müssen dem Förderstrom entsprechen.

3. Förderleitung
Nur einwandfreies Schlauchmaterial verwenden. Schlechte Schläuche gefährden den Erfolg.

4. Schlauchtrasse
Straßen, Wege, Unterführungen für die Leitungsstrecke ausnutzen. Straßen mit starkem Verkehr sowie Schienenwege meiden.

5. Verlegen der Förderleitung
Sofort mit dem Verlegen beginnen. Bei langen Strecken gleichzeitig von der Wasserentnahmestelle in Richtung Brandstelle und von der Brandstelle in Richtung Wasserentnahmestelle verlegen. Bei starken Höhenunterschieden Leitung mög-

lichst von oben nach unten auslegen. Notwendige Straßenüberquerungen rechtwinklig vornehmen. Leitungen an den Rand von Straßen oder Wegen verlegen. In Abständen von 100 bis 150 m je einen Rollschlauch als Reserve ablegen.

6. Pumpe

Die zuverlässigste Pumpe an die Wasserentnahmestelle. Bei großer Saughöhe die stärkste Pumpe an die Wasserentnahmestelle, weil die Wasserlieferung mit zunehmender Saughöhe abnimmt. Als Brandstellenpumpe Löschfahrzeug verwenden, damit Ausrüstung und Geräte möglichst nahe an der Brandstelle sind. Tanklöschfahrzeuge nicht als Verstärkerpumpen zwischenschalten, sondern zur Überbrückung der Aufbauzeit sofort zur Brandbekämpfung einsetzen.

7. Druck

Die Betriebsdrücke so wählen, daß das Schlauchmaterial nicht unnötig belastet wird. Ausgangs- und Eingangsdrücke müssen **vor** Aufnahme der Wasserförderung angeordnet werden.

8. Inbetriebnahme der Förderstrecke

An den Pumpen sofort Druckschieber öffnen. Luftsäule über den freien Druckausgang entweichen lassen. Leitung langsam füllen und allmählich auf den angeordneten Druck gehen. Gashebel mit Gefühl betätigen. Meßinstrumente ständig beobachten. Drehzahl so einregulieren, daß der Eingangsdruck 1 bar **nicht** unterschreitet.

9. Sicherung der Förderstrecke

Zur Gesamtaufsicht einen geeigneten Fachmann mit ausreichenden Hilfskräften einteilen. Straßenüberquerungen sichern lassen. Schlauchbrücken verwenden. Bei Tage Posten mit Warnflagge, bei Nacht mit Warnlampe aufstellen. Nachrichtenübermittlung entlang der Strecke durch Melder oder Funkgeräte sicherstellen. Förderleitung beaufsichtigen lassen. Geplatzte Schläuche müssen ohne größeren Zeitverlust ausgewechselt werden. Für Spritzstellen Schlauchbinden verwenden.

10. Druckbegrenzungsventile

Gegen unzulässige Drucksteigerungen in der Förderleitung sind Druckbegrenzungsventile einzuschalten,

a) auf jeden Fall ein Ventil in die Förderleitung vor dem Verteiler (Fließrichtung),
b) wenn vorhanden, in die Förderleitung vor dem Eingang jeder Verstärkerpumpe.

Die Druckbegrenzungsventile müssen so eingestellt werden, daß der Ansprechdruck jeweils 0,5 – 1 bar über dem vorgesehenen Strahlrohr- bzw. Eingangsdruck liegt.

11. Schlauchwechsel

Die Förderstrecke bleibt in Betrieb, bis zu der Pumpe, in deren Teilabschnitt der geplatzte Schlauch ausgewechselt werden muß. Der Maschinist der in Frage kommenden Pumpe nimmt den Gashebel zurück, öffnet einen freien Druckausgang und schließt den Druckausgang zur Leitung. Das Wasser entweicht jetzt aus dem freien Druckausgang. Ist der Schlauch ausgewechselt, öffnet der Maschinist den Druckausgang zu Leitung, schließt den freien Druckausgang und nimmt die Förderung wieder auf. Während der Unterbrechung lassen die Maschinisten der nachfolgenden Pumpen ihre Pumpen mit niedrigen Drehzahlen weiterlaufen und nehmen die Förderung wieder auf, wenn das Wasser wieder kommt. Bei Verwendung von Druckbegrenzungsventilen erübrigt sich das Öffnen eines freien Druckausganges. Der ankommende Förderstrom wird selbsttätig durch das Druckbegrenzungsventil abgeleitet. In beiden Fällen ist es ratsam, zur Ableitung des Wassers kurze Abwasserschläuche (alte B-Schläuche) anzukuppeln.

12. Gerätereserve

Für je drei eingesetzte Pumpen eine Pumpe als Reserve bereitstellen. Entsprechend dem Zustand des verwendeten Schlauchmaterials genügend Reserve-B-Schläuche bereitlegen. Schlauchbrücken und Beleuchtungsgeräte nicht vergessen.

6.1 Vorbereitung einer „Langen Strecke“

Jede Brandbekämpfung an Brandstellen die ihrer Lage oder ihrer Ausdehnung nach mit Löschwasser über lange Strecken versorgt werden müssen, steht naturgemäß unter Zeitdruck. Zieht man die Umstände – Witterung, unbekanntes Gelände, Aufregung usf. – in Betracht, ergibt sich die **Notwendigkeit,** die Wasserförderung für besonders gefährdete Objekte in der einsatzfreien Zeit **vorzubereiten.**

Wie wird eine lange Strecke vorbereitet?
Der verantwortliche Feuerwehrführer **erkundet:**

1. Den voraussichtlichen Löschwasserbedarf des Schutzobjektes.
2. Die Wasserentnahmestelle.
3. Die Leitungstrasse.
4. Entfernung und Höhenunterschiede.
5. Aufstellmöglichkeiten für Verstärkerpumpe.

Auf Grund der erkundeten Verhältnisse wird die Förderstrecke theoretisch festgelegt. Der verantwortliche Feuerwehrführer **bestimmt:**

1. Wasserentnahmestelle
2. Förderstrom
3. Förderleitung
4. Leitungstrasse
5. Anzahl der Pumpen
6. Abstände der Pumpen (bzw. Aufstellungspunkte)
7. Betriebsdrücke (Ausgangs-, Eingangs- und Strahlrohrdruck)

8. Geräte- und Schlauchreserven
9. Druckbegrenzungsventile
10. Nachrichtenübermittlung

Die theoretisch erarbeitete Strecke wird im Rahmen einer Übung praktisch ausprobiert. Notwendige Änderungen werden vorgenommen. Der verantwortliche Feuerwehrführer **überprüft:**

1. Aufbau der Förderstrecke
2. Betrieb der Förderstrecke
3. Wasserlieferung der Strahlrohre
4. Betriebsdrücke der Pumpen
5. Einstellung der Druckbegrenzungsventile
6. Bereithaltung der Geräte- und Schlauchreserven
7. Nachrichtenübermittlung
8. Sicherung der Strecke
9. Aufsicht der Strecke
10. Zeitdauer.

Das Ergebnis der praktischen Überprüfung wird im Alarm- und Einsatzplan festgelegt. Der verantwortliche Feuerwehrführer **hält fest:**

1. Manschaftsbedarf
2. Gerätebedarf
3. Gerätereserven
4. Anmarschwege
5. Wasserentnahmestelle
6. Aufstellungspunkte
7. Förderabschnitte
8. Betriebsdrücke
9. Strahlrohre
10. Zeitbedarf.

6.2 Aufbau einer nicht vorbereiteten „Langen Strecke“

Der Aufbau einer nicht vorbereiteten Förderstrecke stellt besonders hohe Anforderungen an das Wissen und Können der

Feuerwehren. Die notwendige Sicherheit und Schnelligkeit, die im praktischen Einsatz vorausgesetzt werden muß, läßt sich nur durch Übung erlangen. Bei entsprechendem Ausbildungsstand und gegebenen gerätetechnischen Voraussetzungen kann, unter Verwendung der Ablesetafel, auch im Brandfalle eine Förderstrecke direkt aufgebaut werden.

Wie wird eine unvorbereitete Strecke aufgebaut?

Der verantwortliche Feuerwehrführer

1. bestimmt Wasserentnahmestelle und Wasserentnahmepumpe,
2. bestimmt geeigneten Mann zum Aufbau der Förderleitung und des Nachrichtenweges; läßt sofort mit dem Verlegen der Leitung beginnen,
3. ermittelt überschlägig die Anzahl der erforderlichen Pumpen,
4. ordnet auf Grund des bei der überschlägigen Ermittlung eingesetzten Förderstromes Zahl und Art der Strahlrohre sowie die Betriebsdrücke für die Pumpen an,
5. beginnt von der Wasserentnahmestelle aus in Richtung Brandstelle arbeitend die Aufstellungspunkte der Verstärkerpumpen mittels Ablesetafel festzulegen; dabei Unterstützung durch zwei geeignete Männer, ein Mann zur Höhenmessung, ein Mann zur Entfernungsbestimmung (notfalls B-Schläuche zählen),
6. läßt sofort nachdem der Aufstellplatz für eine Verstärkerpumpe festliegt, die in Frage kommende Pumpe in die bereits verlegte Förderleitung einschalten,
7. wartet nicht, bis die Gesamtstrecke betriebsfertig ist, sondern läßt die Förderung abschnittsweise im Zuge der Fertigstellung aufnehmen,
8. überprüft, nachdem das Wasser die Strahlrohre erreicht hat, die tatsächliche Fördermenge und nimmt notwendige Korrekturen vor.

Schlußfolgerung

Es liegt auf der Hand, daß die **vorbereitete** Löschwasserförderung über lange Strecken wesentlich einfacher durchzuführen ist, als der Aufbau einer unvorbereiteten Strecke. Es ist deshalb die unabweisbare Pflicht jedes verantwortungsbewußten Feuerwehrführers, in seinem Einsatzgebiet für die in Frage kommende Objekte den Aufbau einer langen Strecke **vorzubereiten** und im **Einsatzplan** festzuhalten. Nicht immer schlägt der Rote Hahn dort zu, wo wir ihn erwarten, und verschiedene Umstände können dazu führen, daß eine unvorbereitete Strekke aufgebaut werden muß. Um auch für den Brandfall gerüstet zu sein, der in keinem Einsatzplan festgelegt werden konnte, muß theoretisches Wissen und praktisches Können durch ständiges Üben erreicht und erhalten werden.

Notizen

Notizen

Notizen

Notizen

27b Brandoberamtsrat
Ludwig Timmer
Die Löschwasserversorgung
Teil II: Die unabhängige
Löschwasserversorgung
3. Auflage, DM 9,80

28 Brandreferendar Dipl.-Phys.
Karl-Heinz Knorr
Die Gefahren der Einsatzstelle
4. Auflage in Vorbereitung

29 Brandoberinspektor
Karl Huber
Brandschau
2. Auflage, DM 7,50

30 Regierungsbranddirektor a. D.
Dr. Fritz Kluge
Brandobjekte und Brandursachen
2. Auflage, DM 8,–

31 Ltd. Branddirektor Dipl.-Ing.
Kurt Klingsohr
Fachrechnen für den
Feuerwehrmann
4. Auflage, DM 10,80

32 Chem.-Ing.
Hermann Dembeck
Gefahren beim
Umgang mit Chemikalien
4. Auflage in Vorbereitung

33 Brandoberamtsrat
Georg Zimmermann
Mechanik
für die Feuerwehrpraxis
4. Auflage, DM 15,80

35 Branddirektor
Alfons Rempe
Ortsfeste Feuerlöschanlagen
2. Auflage, DM 10,50

36 Ltd. Branddirektor Dipl.-Ing.
Kurt Klingsohr
Ölalarm
3. Auflage in Vorbereitung

37 Branddirektor Dipl.-Ing.
Paul-Heinz Bohl
Brände in der
Mineralölindustrie
2. Auflage, DM 10,80

38 Leiter der Flughafenfeuerwehr
O. Marnet
Brandbekämpfung und
Hilfeleistungen auf Flughäfen
2. Auflage, DM 22,–

39 Branddirektor
F. A. Schneider
Hochwassereinsätze
2. Auflage, DM 8,80

40 Brandoberamtsrat
Georg Zimmermann
Tauchen, Wasser- und
Eisrettung
2. Auflage, DM 14,80

41 Ltd. Branddirektor Dipl.-Ing.
Kurt Klingsohr
Brennbare Flüssigkeiten
und Gase
4. Auflage, DM 9,80

42 Branddirektor Dipl.-Ing.
Heinrich Schläfer
Feuerwehreinsatz
bei Kraftfahrzeug-Unfällen
4. Auflage in Vorbereitung

43 Kapitän a. D.
Klaus Hecker
Brände und Hilfeleistungen
auf Binnenschiffen
2. Auflage, DM 9,50

44a Branddirektor Dipl.-Ing.
Hans Schönherr
Pumpen in der Feuerwehr
Teil I: Einführung in die
Hydromechanik
Wirkungsweise der Kreiselpumpen
3. Auflage in Vorbereitung

44b Branddirektor Dipl.-Ing.
Hans Schönherr
Pumpen in der Feuerwehr
Teil II: Feuerlösch-Kreiselpumpen,
Aufbau – Betrieb – Störungen
2. Auflage, DM 8,–

45 Brandamtsrat Dipl.-Ing.
Heinz-Otto Geisel
Feuerwehr-Sprechfunk
4. Auflage, DM 14,80

46 Brandoberamtsrat
Ernst-August Meinert
Aufzüge, Fahrtreppen, Fahrsteige
2. Auflage, DM 12,80

47 Branddirektor Dipl.-Ing.
Dieter Karlsch
Brandoberinspektor Dipl.-Ing. (FH)
Walter Jonas
Brandschutz in der Landwirtschaft
2. Auflage, DM 9,80

48 Branddirektor Dipl.-Ing.
Heinz Bartels
Leiter der niedersächs.
Landesfeuerwehrschule Celle
Feuerwehrschläuche
1. Auflage, DM 4,–

49 Brandoberamtsrat
Georg Zimmermann
Mechanik –
Beispiele aus der Praxis
2. Auflage in Vorbereitung

50 Techn. Stadtamtmann Ing.
Wilfried Fingscheidt
Brandamtsrat Ing.
Heinz-Otto Geisel
Feuerwehr-Meldeanlagen
2. Auflage, DM 14,80

51 Brandoberamtsrat
Georg Zimmermann
Tiefbau- und Silo-Unfälle
2. Auflage, DM 9,80

52 Branddirektor Dipl.-Ing.
Heinrich Schläfer
Oberbrandrat Dipl.-Ing.
Stefan Ruhnau
Hochbau-Unfälle
1. Auflage, DM 5,–

53 Landesbranddirektor a. D. Dipl.-Ing.
Kurt-Werner Seidel
Oberbrandrat Dipl.-Ing.
Joachim Hahn
Geschäftsführer des FNFW
Ing.-grad.
Horst Zacher
Begriffe, Kurzzeichen,
Graphische Symbole des
deutschen Feuerwehrwesens
2. Auflage, DM 13,–

54 Branddirektor
Willi Döbbemann
Hauptbrandmeister
Günter Jensen
Retten und Selbstretten
aus Höhen und Tiefen
3. Auflage in Vorbereitung

56 Branddirektor Dipl.-Ing.
Manfred Gihl
Rettungsfahrzeuge
1. Auflage, DM 10,80

59 Brandrat Dipl.-Chem.
Frank Habermaier
Chemie
Grundwissen für den
Feuerwehrmann
1. Auflage, DM 16,80

60 Klaus Schaffstädter
Schutzkleidung und
Schutzgerät
1. Auflage in Vorbereitung

61 Brandrat Dipl.-Ing.
Axel Häger
Kfz-Marsch
geschlossener Verbände
1. Auflage, DM 9,–

62 Hauptbrandmeister a. D.
Siegfried Volz
Brandschutzerziehung in Schulen
1. Auflage, DM 13,80

Staffelpreise: Ab 25 Exemplaren gemischt 5 % Nachlaß, ab 50 Exemplaren 10 % Nachlaß, ab 100 Exemplaren 15 % Nachlaß. Nachlässe bei größeren Bestellungen bitte beim Verlag erfragen! Preis zur Zeit der Drucklegung. Änderungen vorbehalten.